藍學堂

學習・奇趣・輕鬆讀

圖表思考整理魔法
把複雜的事變簡單

**25張圖表快速清理職場×人生×理財…問題，
擺脫忙亂，把更多時間留給自己**

商業周刊 著

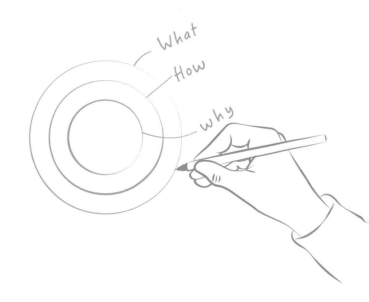

想要找好工作、提很棒的企劃、多存點錢、買第一間房……
卻總是卡在想法跳躍、大腦打結，不知如何著手？
用圖表和自己對話，理清煩亂思緒，定出明確執行計畫，
你將達成最想實現的夢想，準備好了嗎？

圖表思考整理魔法，
讓夢想變具體，讓生活變輕盈

　　忙碌的你，是不是腦袋總塞滿雜亂訊息與代辦事項，每天無止盡的忙碌與焦慮，無暇好好生活、好好照顧自己，更別說完成塵封已久的夢想？

　　好想找到方法讓自己專注起來，把混亂無序的大小事理清楚，兼顧工作與生活，同時將夢想的未來排上日程。該怎麼做呢？

　　就像書桌亂七八糟，衣櫃、冰箱塞爆，就總會東翻西找，不知道到底資料放到哪裡、想穿的衣服塞在哪個角落，白白浪費了做重要的事的時間，這時，「整理房間」就能騰出空間，找回從容自在的生活；大腦亂成一團也一樣，沒有清楚的行動目標，不管是完成手邊的任務，或是學習新事物難上加難，這時，你需要「整理大腦」。

　　試試看以「圖表思考整理魔法」來讓思緒歸位吧！

　　圖表思考整理是將想法「視覺化」，靜下心來，用手畫出、寫下想法，攤在眼前檢視，一步步清理、收納，你會發現，混亂不見了、目標明確了。整理思緒，也是整理你的夢想，當大腦清晰有條理，就可以不斷朝夢想前行。

25張經典圖表＋33則實用範例＝寫下你的人生新提案

你想進好公司、考日文檢定、拿一個學位、買第一間房、開一間小店……有太多想做的事、想完成的夢想，卻遲遲未能完成？這本書中收錄 25 張圖表都能幫你，如果你：

- **想訂做最適合自己的職涯**

你可以用第一篇的「專長發掘評估圖」盤點喜歡和擅長的事，釐清自己的定位；配合「KSAs 需求分析表」，分析想進的公司需要哪些能力，趕快補起來；再用「艾森豪矩陣」將總是做不完的工作列出優先順序，預約你的成功。

- **下班想斜槓，想學新東西**

你可以用第三篇的「PDCA」四步驟逐步接近學習目標；搭配用「一週時數管理表」攤開檢視每週的投入時數，於生活中確切落實、培養成扎實的能力。

- **擺脫總是猶豫不決、浪費時間的困擾**

你可以用第二篇的「樹狀圖」來畫出需要思考的方方面面，找到最佳解；在配合「黃金圈法則」，先問「為什麼」，才有下一步的理想選擇。

- **提案有更好的點子，企劃一次通過**

你可以用第三篇的「心智圖」，用畫章魚來開展想法，爆發聯想力；以「九宮格」在一團亂中找出主題與本質（這是大谷翔平如願成為「八球團的第一指名」的魔法）；或是以「康乃爾筆記法」讓思考流程系統化。

- **想多存點錢、想買到自己的第一間房**

你可以用第四篇的「資產負債表」搞清楚自己有多少錢、欠多少錢，還需要存多少錢；或用「理財明細表」寫下目標，盤點需要多久獲利。

- **想來一場說走就走的旅行**

你可以用第五篇的「ABC 分類法」把想去的地方分級;「路線與費用規畫表」的清單可以玩到所有想玩的,不透支經費。

書中共有 33 則應用範例,這些範例或許與你的處境相似,它可以提供給你實用的解方,也可能帶給你全新的思考方式。最重要的是,經由書寫的過程中,找到理清雜亂思緒的能力,學習掌握自己的人生配速,享受化繁為簡的輕鬆感,帶來更有餘裕的生活空間。

當你開始用圖表整理思考、文字轉述理念,就會為你的人生帶來改變,離你的夢想更近一步。

你將活出更幸福與輕盈的人生,準備好了嗎?

活用圖表思考法，
化繁為簡打造理想生活

Kasin ／極簡生活家

　　我自從五年前實踐斷捨離、簡單生活以來，從物品、空間的簡化開始，一步一步向人際關係、時間安排、生活態度、工作選擇等各個面向延伸，一一化繁為簡、重新整理，逐步在工作、生活與個人自我實現之間發光發熱，並取得平衡。

　　在這過程中，我認為很重要的一點是「如何了解自己，並有效的實踐計畫」，這個抽象的任務，我們其實可以透過圖表化的思考來幫助自己。

　　為什麼圖表思考法如此重要？我實際體會到以下三大優點：

一、順著大腦的習性，事半功倍

　　「934567218」和「123456789」哪串數字比較容易記住、印象深刻呢？多數人都會選擇後者有邏輯排序的組合吧！

　　大腦天生喜歡有邏輯、順序的資訊，工作、生活中的問題光是在腦中思考，只會覺得一團混亂，或者資訊太多導致猶豫不決，遲遲無法向前邁進。

我們可以順著大腦的習性，把問題、計畫利用視覺化的方式書寫歸納，比方說面對職涯選擇、跑道轉換，可以利用書中的「興趣／專長發掘評估圖」、「KSAs 需求分析表」和「MIS 自我評量分析圖」釐清個人的專長、可發展的方向，以及市場需求，幫助你做出正確的選擇。

寫下來，理清思考脈絡，從中就能找到解決的方法，加速事情的進展，自然事半功倍。

二、終結拖延，往理想的目標邁進

有了目標、想做的事，卻總是被生活中的雜事、雜訊干擾，也許更多的情況是「拖延症發作」，以至於一個月、兩個月、一年過去，還是在原地踏步。我發現只要把大任務一一拆解成半小時或一小時內能執行的小行動，並以短期目標的方式執行，就能不勉強的完成任務。

比方說可以運用「一週時數管理表」結合時間軸行事曆，以週為進度，在工作、生活例行公事以外的空擋，安排拆解後的小任務，每天都向前推進一點點，再利用「檢核表」進行中途驗收、追蹤，我發現這會讓我在過程中不斷產生成就感，也就能踏實的往理想的目標邁進，減少拖延。

三、用圖表自我對話，有效穩定身心

平常我會運用子彈筆記安排工作事項，並寫日記記錄生活、卸載情緒，這些其實都是自我對話的一環。

把腦中的所思所想寫下來，在紙上自我提問：「我現在想做的事情是什麼？」、「哪些事情比較重要需要著手進行？」、「重複遇到這樣的問題，該如何改善？」這個動作等於是幫大腦進行整理，斷捨離不必要的擔憂、干擾、有邏輯的分類任務、安排執行進度，確保有將心力花在真正重要的事情上。

一整個流程進行下來，你會發現大腦的壓力慢慢被釋放出來，思緒變得更加清晰，原先的不安也一消而散，這就是運用圖表自我對話的魅力。

這本書對我來說就像是「大腦思考工具大全」，收錄了包含決策矩陣、心智圖、ABC 分類法、PDCA 循環法則等 25 個經典、實用的圖表思考工具，可以應用在職涯、工作執行、日常生活，甚至理財規畫等面向，還搭配了 33 個實際範例幫助讀者理解、運用。

一書在手，等於掌握了化繁為簡的能力，幫助我們逐步打造屬於自己的理想生活。

太多資訊不知如何處理？
那就交給圖表吧！

吳姿穎 MUKI ／手帳達人

　　隨著年紀漸長，我在社會中扮演的角色也愈來愈多元，常常要處理很多不同的事務，包括工作、生活、人際關係……等等。雖然平時有用手帳記錄與規畫生活，但假使今天改用一本空白的筆記本，我卻不知道該從何下手。想寫點什麼字，覺得過於冗長；想把內心的 murmur 圖表化，卻礙於圖表知識庫的不足，無法知道有哪些圖表能完美呈現我的想法。

　　我想，這本書，就是解決上述問題的一道良方。

　　《圖表思考整理魔法，把複雜的事變簡單》特別適合我這種，想要提高生產力與時間管理能力的人。也很適合那些忙於工作、企劃、專案管理和決策的職場人、進修學習者、小資族、背包客和任何想將生活大小事梳理清楚的人。像我有時候在寫手帳時，常常會覺得千頭萬緒不知從何開始，大腦非常的糾結、思考也非常的跳躍，這時候，我就可以參考這本書，從觀念說明及應用範例著手，幫助我找到適合的圖表，開始理清這些混亂的思緒，並且訂出明確的計畫和執行的方法，進而達成目標。

　　我很喜歡這本書用了大量的視覺化圖表，圖表的好處，在於**簡化生活中複**

雜的問題，讓我們更好地掌握時間和提高效率。除了 25 種圖表和 33 個實用範例之外，書中還提供了圖表下載，只要輸入網址或掃描 QRcode，就能輕鬆下載各種圖表，運用在自己的生活和工作中，真的非常貼心與方便！

書中介紹的圖表涵蓋了許多不同的領域，例如時間管理、企劃、資產管理、旅遊規畫等等。更吸引我的是，本書分享了一些「混合圖表」的運用，原來 1 ＋ 1 真的可以大於 2！以下是我喜歡的混合圖表：

- **康乃爾筆記法**×**艾森豪矩陣**：幫助我們梳理會議重點並給予權重，從而提高工作效率。
- **九宮格**×**流程圖**×**甘特圖**：幫助我們完成自己的夢想，例如開咖啡店、買第一間房等等。
- **PDCA 循環法則**×**一週時數管理表**：幫助我們建立學習目標，一步一腳印的提升自己的能力。

最後，我想再次推薦這本書，給所有希望能夠提升自己思考力和解決問題能力的人們。這本書不僅僅是一本工具書，更是一本能夠幫助你實現夢想、掌握人生方向的指南。讓我們從現在開始，用圖表思考，找到解決問題的方法，掌握人生的藍圖！

解決問題，
靠好工具就事半功倍

王友龍／簡報圖表書作者、圖表設計師

　　人類從出生開始或在企業營運上，就持續面臨大小不一的問題，有些問題需要時間才能解決，但大部分問題卻必須即時處理，這些問題可分為兩類：必須找出標準答案的問題，這是單一解決方案，或是已有解決方案，但必須從兩種以上的解決方案中做出選擇，為了避免陷入瞎子摸象般的情況，人類必須找出有效的方法來解決問題。

　　面臨問題時，所謂關關難過關關過，但每一關要過，還是要靠人的知識、經驗與執行力，缺一不可，但單靠個人的力量還不夠，如果有好的工具可加以掌握與學習，就能事半功倍。在坊間出版的一堆解決問題的商業類書籍中，這本由商業周刊圖表相關特刊整合而成的全新增修版，更顯示具有重要的意義，因為它具有以下三大特色：

一、從生活化的實務經驗入手

　　書中所揭露的案例與解決方法，都是日常生活與職場工作的相關案例，不紙上談兵，並用口語化的說法來引導讀者，沒有深奧的理論與專有名詞，但卻都是你我可能會碰上的問題；同時，書中說明的解決方法簡潔有效，可快速解

決生活與工作上的大小事情。

二、架構清晰，邏輯清楚

每章以釐清問題、確立原則的「觀念說明」、依說明引導的「填寫步驟」與實例解說的「應用範例」等三個環節組成，引領讀者經由邏輯步驟、一步步認清問題核心（非表面原因），最終導出解決方案。

三、以視覺化的圖表解決問題

全書具有濃厚的視覺化文本精神，運用圖表工具（一種可追溯至 17 世紀末歐洲人所發明的圖像）作為輔助，將混沌不清的問題抽絲剝繭，釐清來龍去脈，強調讀者必須親自動手做、動手畫，從寫與畫的動作中，帶動與啟發大腦的思考潛力，這在解決問題的過程中，具有加乘的效果，如此，讀者就能一步步解析出清晰的問題解決藍圖。

本書可視為一本方法論的新書，實用性強，6 大篇與 29 章形成一套知識體系，當讀者實際演練後，就能將問題解決流程深植腦海，並內化為個人的無形資產；就「知識管理」（knowledge management）的角度而言，本書的出版是由「內隱知識」（tacit knowledge）跨入「外顯知識」（explicit knowledge）的重要文本，一種能夠透過論證、解釋或分享形式加以散播，讓其他人也能夠理解的傳播方式。

英國的約翰生（Samuel Johnson）曾經說過：「知識有兩種，我們自己懂得一個主題，或是我們知道如何去找尋關於該主題的資訊。」這本新書《圖表思考整理魔法，把複雜的事變簡單》就是屬於後者，讓讀者能輕鬆找出解決問題的相關資訊。

本書能幫讀者認清問題本質，找出最佳解決方案，也是出版界少有的嘗試，因此，本人樂於為之推薦。

Why?
為什麼要用圖表幫助思考

張永錫／時間管理講師，YouTube 頻道：張永錫

　　人類的圖像思考比文字思考快，但是一般人不容易一下子從文字思考，跳躍到全圖像式思考，在過渡時期，圖表就是很好的工具。利用圖表思考有三個好處：

- ・ 加快思考速度，一秒完成思考
- ・ 吸收隱性知識，一圖可解千文
- ・ 強大矩陣圖表，鍛鍊邏輯思考

　　正如上述，圖表思考有許多好處，本書有三種圖表是我十幾年來操練自己的工具，以下一一述說。

一、一週時數管理表

　　我從大學時期就開始列出一週表格，把學習、生活、休閒等時間，一一列在表格上，三年下來表格厚厚一疊，當時非常有成就感。後來因為學習時間管理，發現以前鍛鍊圖表思考的能力，讓我在行事曆管理上有莫大助益。

　　一般而言，我們最常展開的行事曆視角是週行事曆及月行事曆。週行事曆

視角讓我們把每天重要的事情，放入一週的時段之內，有助於工作與生活的平衡。月行事曆視角則可讓我們看到何時要出差，或何時可以排出一、兩週時間休年假出國旅遊，讓自己休息一下，為人生設計一小節休止符。

不僅如此，現在我也和老婆共享行事曆，讓老婆能更加了解老公的工作內容，「一週時數管理表」的鍛鍊非常重要，請大家多加運用。

二、「艾森豪矩陣」列出優先處理的三件事

2016 年我在城邦集團出了一本書《早上最重要的 3 件事》，2017 年這本書也在中國出版簡體中文版，書中提到一樣的概念「列出優先處理的 3 件事」。

在我的書裡，「艾森豪矩陣」化身為「青蛙、蝌蚪、不做」三個層級，重要而緊急的是青蛙、不重要又不緊急的就不做，其他事情則是蝌蚪。我用這個概念，把近期（一個月左右）的青蛙及蝌蚪，整合到行動清單中，並和我在台灣、中國的夥伴共享，一起推進專案。「艾森豪矩陣」的概念影響了我將近 20 年，也在此推薦給大家。

三、「九宮格」拼湊出複雜事項的全貌

25 歲時，我讀了《Memo 學入門》一書，從作者今泉浩晃先生學到了曼陀羅九宮格思考術，受益良多。後來又師從《曼陀羅九宮格思考術》作者松村寧雄先生，完善了年度計畫的九宮格模版，制定 2016 到 2018 的年度計畫。

通常而言，當我用「九宮格」思考問題，會使用三種工具：

首先是紙張，任何白紙都可以，畫一個井字號，在中間寫下要思考的問題，周圍八個格子寫下想到的內容。

其次是電腦，我利用 Scrivener 的軟體寫書，這個 App 有索引卡的檢視頁面，我將之排列成九宮格，在上面寫下大綱；同時也用這個軟體寫出文章的欄

位，再寫下由大綱展開的內容，然後不時回到九宮格大綱思考，如何把文章寫得更好。

最後是手機，我通常會在 iPhone 的 App Notability，先畫下井字型的九宮格，接著縮放到可在某一格中寫字，也是先把主題寫在中間格子，接著再把自己的想法放在其他格子中。

蘇格拉底曾說：「沒有檢視的人生不值得活。」我覺得善用一張圖表思考，讓我們能從不同圖表中檢視自己，一定可以擁有更幸福的人生。

一張圖表讓人「秒懂」

薛良凱／普拉爵文創 創辦人

　　手機文化的影響，讓讀者對長文章越來越不耐煩。如果可以選擇，看短文章比長文章好，看圖片、表格更比文字容易；但是反過來說，如果我們不是讀者，而是要讓對方看懂的作者，問題就會比較棘手。我們該怎麼做，才能做出讓對方「秒懂」的東西？

　　有一次我跟中國大陸業主碰面，與對方爭論某個在古蹟區新設立的商場，到底應該文化類商鋪比重多一點，還是要把人工智能類商鋪比例提高一些。既然在古蹟區，我的意見是希望越古老越好，所以我建議文化類比重一定要超過八成，而且如果可以斷捨離，科技類或許就取消算了。但業主對原案十分堅持，特別癡迷科技的展示性、絢麗感、技術感，他的想法與我恰恰相反，最好科技類提高到八成，文化類在此只是陪襯罷了。

　　怎麼讓對方懂利弊得失，是我的一大問題。為了讓大家快速理解想法，我取來一張空白 A4 紙，把它對折再對折。在這四格中，我在左邊上面那格寫上「變化和科技」，然後把紙向大家展示。

變化和科技	

我說：「『變化和科技』意味著市場變化競爭激烈，每年東西都推陳出新，這是因為科技的進步。世界不斷變化，正因為科技不會停止，而科技的競爭，也正是世界不斷進步的原動力。不過，追求科技意味著加入紅海戰場，畢竟科技是個高速競爭的市場，只有不斷保持新穎、快速才能贏過對方。」

說到這裡，大家點了點頭表示認同。

我接著說：「如果一直追求科技，那麼不斷變化、求新、求變、增加競爭力就變成宿命，這在營運上意味著什麼？」

大家異口同聲說：「成本很高！」

沒錯，我在紙的左邊下面那格寫上「高成本」。左邊交代完後，繼續在右邊上面寫上「少變和文化」。

變化和科技	少變和文化
高成本	

我繼續說：「『少變和文化』的『文化』是指一種力量，更是一種態度與模式。比方說京都的美在於它的不變，甚至於因為不變，才讓京都有種凍結時空的美感，讓更多人期待去日本欣賞。與科技、快變相反，文化的重點不在變

化，而是深入、深邃，把最深刻的生活型態體現在一般日常中，就是文化的真正意義。文化的力量是保存經驗與演繹生活，只要有足夠醞釀的時間，就會產生巨大的力量。好比鼎泰豐、誠品、食養山房、郭元益、丸莊醬油、全聚德等。」

我接著說：「如果一直追求文化，維持原味就變成責任；而文化的核心就是少變，又意味著什麼？」不等大家開口，我在紙張右下角的格中寫上：低成本。

變化和科技	少變和文化
高成本	低成本

在這個項目裡，投資文化會比投資科技更加值得。不過我知道，要不是那張靈感突然湧現時，隨手抄起的A4紙，絕不可能如此輕易讓對方「秒懂」的。

現代人光靠講的可能不夠，學會圖表思考法，只要一張圖，用得好就能夠畫龍點睛，一棒把對方（或自己）敲醒。而且，對自己來說也是一項文化性投資喔（低成本）！

目錄 Contents

六、綜合運用篇
活用多樣圖表實現你的人生

附錄

一

職涯篇

找到適合的工作，
點亮你的美好人生

六張圖表，找到心之所向的生活！

- 興趣／專長發掘評估圖：盤點喜歡和擅長的事，釐清自己的定位
- **KSAs需求分析表**：實現夢想前，先了解自己、補足實力
- **MIS自我評量分析圖**：分析你的條件，描繪未來藍圖
- **解決問題計畫表**：打破思考框架，你也是問題解決高手
- **一週時數管理表**：擬訂計畫、斜槓人生，往夢想道路前行
- **艾森豪矩陣**：生活不再瞎忙，變身時間管理大師

1

寫下你的核心能力，
找出理想工作的模樣

「興趣／專長發掘評估圖」找到最適合的產業與部門

掌握核心，釐清職涯方向

許多人對於「是否該換工作」或是「該換什麼工作比較好」會猶豫不決，原因常在於追求夢想的過程中，遇到現實的困難。尤其當辛苦一年終於熬到年底，每逢年終開春之際，更是上班族動念轉職的時機，此時，若能針對自己的**「人格特質」、「興趣／嗜好」以及「專長／技術」系統性思考**，自然能快速理出方向。

面臨轉換跑道，有人希望藉由換公司升職加薪，有人希望找到更能發揮的工作環境，有人則希望跳進更有潛力的產業。不管基於什麼理由，希望工作越換越好，是一致追求的目標。然而，現今產業與職務相當多元，當機會過多時，反而容易讓人茫然：

- 是不是換間公司、換個環境就好？
- 要不要趁機嘗試不同職務？
- 或是直接換個產業更有發展機會？

設下具體目標，從興趣與專長著手

如果希望工作越換越好，那麼每次要做工作抉擇時，就該要想清楚自己的目標。大部分的人會採取以下 A ～ D 的做法：

- A：跟著社會潮流走。
- B：選擇薪資與福利較高的行業。
- C：找到什麼就做什麼（有工作就好）。
- D：依照自己的興趣與專長，尋找可發揮才能的工作。

A、B、C 固然可能換到好工作，但如果沒有立基於自己的興趣與喜好，就不容易獲得工作的滿足與快樂，長期反而無法穩定發展。**如果是 D，依照自己的興趣與專長找到可以發揮才能的工作，才會因為有興趣支撐，產生不斷精進專業的動力，進而有持續升遷與加薪的機會。**

運用圖表認清定位，畫出職涯藍圖

擁有良好的分析工具，可以幫助我們與自我對話，傾聽自己內在的聲音，進而以邏輯組合的步驟，找出自己的興趣與專長，知道往哪個產業領域找工作，大幅縮短摸索期。

在日本有「職場圖解王」稱號的久恒啟一教授，在其著作《30 歲前，畫出你的生涯藍圖》（2014 年，商業周刊出版）中，將「圖解」這項思考利器放在「自己動手圖解人生」上，成功引導許多年輕讀者整理自己曾經打下的基

礎，了解自己擁有的戰力、認清定位，進而找到打開未來的視野與格局。

根據這個「畫出人生藍圖」的概念，以下我們設計一張尋找個人興趣與職業的路徑圖，以「人格特質」、「興趣／嗜好」、「專長／技術」三圓為核心。

接著，結合個人基本資料、工作經歷、感興趣的學科，以及國人「生活形態」（Life Style）調查問卷的內容，合併做總體思考，以得出兩個結論：「有興趣、很想做的工作內容描述」與「貝體的產業與部門名稱」。

透過類似「質性研究」（Qualitative Research）的手法，尋找各種可能線索，逐步推演出符合你的興趣與專長的工作，再透過這些發現，找出適合你發揮的產業領域與部門名稱。

動手畫「興趣／專長發掘評估圖」
填寫說明：

步驟 1

先填寫 30 頁左上角的年月日與第幾次填寫等歷史資料，接著填寫❶基本資料欄位，包括：姓名、年齡、個人的優點與缺點。

步驟 2

填寫❷三圓資料，填寫的原則是「人格特質」須能與工作產生聯想，「興趣／嗜好」偏重在個人的生活面，「專長／技術」是指生活或工作上，完成某件事所需的技能，其中，也包括你擁有的第二專長或取得的專業證照名稱。

步驟 3

填寫你的❸「最高學歷」與「感興趣的學科」，再從這些學科中，篩選出你「最感興趣的學科」。

步驟 4

　　填寫❹「最值得說明的工作經歷」與「很感興趣的工作內容」，前者是寫下你曾經做過的工作，後者則是實際做過或推想的工作內容，盡量寫具體詳細一點，連小細節都不要放過。

步驟 5

　　在填寫❺「生活形態」的四個問題後，結合前面填寫過的資料做推演，回答出❻「有興趣、很想做的工作內容」，要具體詳細一點；再從這裡找出❼「想進入的產業與部門」。

　　這是因為現代產業分工精細，不同部門所做的工作差別很大，這部分可能要先蒐集一些產業或相關的營運與部門生態等資料作為參考。產業別與部門要聚焦一些，選項不要太多，這裡只列出兩個選項。

評估日期： 年 月 日（第 次）

❶ 姓名	
年齡	
優點	
缺點	

⬇

三圓為核心內容

❷

人格特質	興趣／嗜好	專長／技術
		第二專長或專業證照名稱

⬇

❸

最高學歷	
感興趣的學科	
·	·
·	·
·	·

➡

最感興趣的學科	
·	·
·	·

⬇

接右頁

接上頁

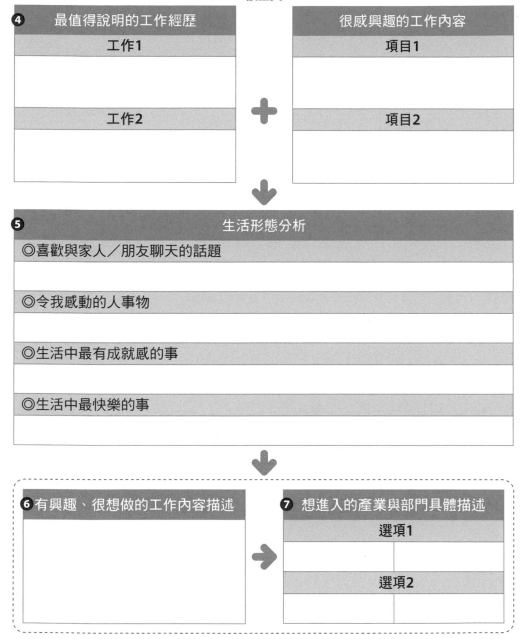

④ 最值得說明的工作經歷

工作1

工作2

很感興趣的工作內容

項目1

項目2

⑤ 生活形態分析

◎喜歡與家人／朋友聊天的話題

◎令我感動的人事物

◎生活中最有成就感的事

◎生活中最快樂的事

⑥ 有興趣、很想做的工作內容描述

⑦ 想進入的產業與部門具體描述

選項1

選項2

※「興趣／專長發掘評估圖」可至270頁查詢網址及掃描QRcode下載，以便自行複印、重複使用。

從經歷與特質歸納求職方向

　　原來在電信公司擔任客服人員的陳先生，由於已經做了兩年，漸漸感到與自己想從事的工作有所分歧，因此希望在年底領完年終後換一份工作，但因為經歷不足的關係，他對自己不太有信心，不確定自己可以做什麼樣的工作，或是如何做對職涯發展有益的事，因此在毫無頭緒的情況下，決定用「興趣／專長發掘評估圖（參見 34 ～ 35 頁）」幫自己找方向。

　　他的填寫順序如下：

- 先填好日期與❶個人基本資料。
- 逐步填寫其他區塊，包括❷三圓的說明、❸學歷、❹工作經歷與❺生活形態等。
- 推演出右下方的❻「有興趣、很想做的工作內容」後，再推演出❼最符合的產業與部門。

　　結果→陳先生發現，他喜歡親近人群，態度親切且不吝於表達善意，同時也喜歡對時事主題進行探討及分析研究，也喜歡各種新奇流行的事物，而基於自己的學歷與專業能力，而得出兩個選項：

（1）到媒體業的新聞部或相關部門擔任調查記者

（2）由時下流行的自媒體成立個人頻道，成為 YouTuber

　　所謂「坐而言，不如起而行」，別再光想不練，面對職涯困惑與抉擇，花三分鐘順著步驟填完表，就能讓手帶動腦思考。不妨先順著直覺，把浮現腦海的想法立即寫下，就能迅速撥雲見日、豁然開朗。

經過這次找答案的經驗，面對自己的職涯規畫就能更加理性的思考、釐清想邁進的方向。

　　有時候，這張圖無法一次得出最佳結論，因為人的想法與事實會隨時間流逝而有所改變，連帶也會改變原本評估的內容。但隨著視野、社會經驗的累積，與對事物的看法越趨成熟，每次評估的內容會越來越扎實，最終導出一個影響一生的重大結論。

　　記得將所有寫過的「興趣／專長發掘評估圖」存檔留底，經由每次的比對與分析，可能可以從中找出一些蛛絲馬跡，進而有重大發現。

陳先生的興趣／專長發掘評估圖

評估日期：2023 年 02 月 01 日（第 1 次）

姓名	陳先生
年齡	28歲
優點	親切和善、喜歡與人交流
缺點	容易對單一事件追根究抵

三圓為核心內容

人格特質

喜歡親近人群，
態度親切且
表達善意

興趣／嗜好

旅遊、美食、
看電影及閱讀

專長／技術
文字寫作、
口述表達能力清晰

第二專長或
專業證照名稱
英文檢定合格

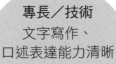

最高學歷	
xx大學大眾傳播學系	
感興趣的學科	
·傳播研究專題	·節目企劃與製作
·專題新聞研究與寫作	·媒體實習
·傳播管理方法	·攝影學

感興趣的學科	
·專題新聞研究與寫作	·媒體實習
·傳播管理方法	·攝影學

接右頁

接上頁

❹ 最值得說明的工作經歷	很感興趣的工作內容
工作1	**項目1**
在媒體業實習兩個月，了解新聞媒體的工作型態。	對新奇事物喜歡探索並研究原因，能整理出結論並以文字方式呈現。
工作2	**項目2**
在電信公司擔任客服人員，為客戶解決問題。	對時事、社會事件等主題進行研究討論，找出原因及改善方法。

❺ 生活形態分析

◎喜歡與家人／朋友聊天的話題

政治議題、社會新聞討論分析，時下流行趨勢探討

◎令我感動的人事物

國際名人言論、社會關懷之善舉等好人好事

◎生活中最有成就感的事

自己推薦的東西被他人讚賞

◎生活中最快樂的事

享受美食並PO在社群網站上

❻ 有興趣、很想做的工作內容描述	❼ 想進入的產業與部門具體描述	
	選項1	
想進電視台當記者，以對新聞敏銳的直覺，為社會大眾做第一手的報導。	新聞媒體相關部門	調查記者
	選項2	
	自媒體	成立個人頻道，成為YouTuber

2

找出你的優缺點，
更了解也更相信自己

「KSAs 需求分析表」盤點工作技能不足之處

客觀檢視自己，就是前進的基礎

人非生來就什麼都會，面對自己的不足，反而是勇於負責的表現。要彎腰承認自己的不足很難，但唯有了解自己所處的位置，才能設定前進的目標。

無論是想換一份更好的工作，或是在現有職務上求升遷發展，認清自己的條件、思考未來的目標，進而規畫從「此處」到「目的地」的途徑，才是最踏實可靠的方法。

這麼做的目的，無非是希望「未來比現在更好」，由此客觀衡量自己現有的能力，就可以按部就班做好準備，從容迎接新工作、向上司力爭升遷機會，更能一到新崗位便大展身手。

運用表單瞄準人資選才標準

　　具健全管理制度的企業，如家樂福、微星科技等公司的人力資源部門，大多會針對公司內各個職務設計「職務說明書」，分析該職務所需要的「KSAs」，也就是：「知識」（Knowledge）、「技術」（Skills）和「能力」（Abilities），並依此作為招募及評鑑該職務人才的標準。

　　你可以依此設定目標，就下列幾點深入思考，幫助自己成為企業想要的人才：

- 我已具備哪些工作能力？
- 該職務需求哪些能力？
- 上述兩者間的落差該如何達成？

　　這些工作技能資訊，可透過資料蒐集取得，包括向相關領域的朋友請教，或上求職網站搜尋。

　　「知識、技術與能力（KSAs）需求分析表」則是將上述評估項目表單化而設計，可用來盤點自己目前所擁有的KSAs，與理想職務之間還有多少落差，進而找出需要補強之處、有計畫地學習，一定能朝理想的職務邁進。

　　「KSAs需求分析表」可以從第1章的「興趣／專長發掘評估圖」（參見26頁）接續使用，也就是在找出適合自己興趣與專長的產業與部門後，接著想想：如果我是該產業的相關部門人員，在工作職位上，需要用到哪些專業技能，才能完成我的工作？

動手畫「KSAs需求分析表」
填寫說明：

步驟1

　　將你想進入的產業與部門，填入39頁最上方的❶主題區（可沿用第1章

「興趣／專長發掘評估圖」得到的結果）。

步驟 2

　　列位有三個，分別代表**「知識」**、**「技術」**與**「能力」**。

　　❷**「知識」**泛指該工作職位所需要用到的特定學科。

　　❸**「技術」**指具體的、可透過學習擁有的專業，例如：簡報製作、Excel 等文書處理能力。

　　❹**「能力」**則指需要大腦做進一步整合與分析的高功能運用，屬較抽象的能力，例如：邏輯分析、談判溝通、創意等。

步驟 3

　　從知識、技術、能力三方面，填入❺「需求的項目」，再從中選出「待努力的項目」，再依項目寫下「改進的方法」，並於「完成目標與進度」設定預期成果與時間。這四個欄位猶如針對該職務的過濾改善機制，幫你看清自己還需要什麼、如何與多久能做到。

　　一般而言，「知識」與「技術」可以到特定場所或用特定方法直接學習，修業期滿後甚至能拿到證書或認證；至於「能力」，則多半要靠觀察並刻意練習。例如，要培養自己的分析能力，可以先學習一些工具方法，或向他人請益如何分析思考，再自己找題材或機會練習，慢慢累積，便能熟能生巧，所以也是可以訓練的。

知識、技術與能力（KSAs）需求分析表

KSAs項目	❺ 需求的項目	待努力的項目	改進的方法	完成目標與進度
❶ 主題：				
❷ 知識(Knowledge)——特定的學科名稱	填入工作職位名稱		四個過濾與改善機制	
❸ 技術(Skills)——具體的、可透過學習擁有的專業				
❹ 能力(Abilities)——抽象的、整合與分析的高密度運用				
	了解三者間的異同再填寫			

※「KSAs需求分析表」可至270頁查詢網址及掃描QRcode下載，以便自行複印、重複使用。

規畫要加強的知識、技術、能力

延續第 1 章應用範例（參見 32 頁）的陳先生作例子，陳先生在找出自己想進入媒體業當調查記者後，接下來要分析自己還需補足哪些技能，才能勝任該工作職務。他的填寫順序如下：

- 在最上方欄位❶填入「職務名稱」：新聞媒體報導調查記者。
- 接著，先蒐集資訊，再到❷「需求的項目」將該職位在❸「知識」、❹「技術」、❺「能力」三方面的必備條件都寫下來。
- 針對 KSAs 三層面，思考並填入❻「待努力的項目」，如知識方面他要強化「新聞採訪與製作」。
- 接著針對❼「改進的方法」及❽「完成目標與進度」填入實踐方法與進度。如對於強化「新聞採訪與製作」，他打算到大學進修推廣部上課，即需配合課程內容與時間做準備。

結果→陳先生找出自己該努力的項目、方法，並規畫好進度後，接下來，就等著他按部就班實踐了！

陳先生的知識、技術與能力（KSAs）需求分析表

❶ 主題：新聞媒體報導記者				
KSAs項目	❷ 需求的項目	❻ 待努力的項目	❼ 改進的方法	❽ 完成目標與進度
❸ 知識(Knowledge)——特定的學科名稱	新聞採訪與製作	新聞採訪	至大學進修部學習相關課程並交出作品	2024年6月完成課程
	採訪寫作方法			
❹ 技術(Skills)——具體的、可透過學習擁有的專業	影音剪輯製作	影音新聞的拍攝、剪輯與製作	由網路課程學習並用手機拍攝及軟體剪輯後製作出影片	2023年每月至少做出一則影片
	手機攝影技巧			
❺ 能力(Abilities)——抽象的、整合與分析的高密度運用	採訪提問技巧	提問與溝通技巧	買相關書籍學習說話技巧及溝通能力、每日針對時事新聞練習提問	2023年每兩周看完一篇相關的文章
	問題整合思考能力			

3

了解自己為何而戰，
全力衝刺就成功

「MIS 自我評量分析圖」設定明確的學習策略

解析個人條件，描繪未來藍圖

　　許多人從小到大，都走著父母、師長安排好的道路，或是依循社會價值觀來求學、求職，然而工作一段時間後，卻發現自己對工作缺乏熱情，但對於自己要的是什麼，又說不出個所以然來，或擔心與自己的專長、條件不符，而不敢勇於追求。

　　事實上，前往夢想的道路，透過學習補足自己尚且欠缺的條件，是司空見慣的事，為了追求夢想而願意面對自己，踏實地剖析自己現有的能力條件、明確設定期待目標、制定實踐策略或計畫，並落實下去的人，追夢的精神更令人欽佩。

確立你的目標，隨時調整腳步

　　每個人的學習方式各自不同，大多著重於如何確實吸收某人的教導內容，但蘋果最年輕經理人詹姆斯‧巴哈（James Marcus Bach）更提倡如何自行找尋並了解想知道的知識，其中有幾點值得注意：

- **設定明確的學習目標，了解自己「為何而戰」，並找尋所需的資源與工具。**

  若在學校學習或許較難有明確目標，畢竟資源與工具往往早已備妥。例如，教科書、參考書、規畫好的課程等。不過，詹姆斯總是努力尋找新資源與新工具，因為利用相同的資源與工具，只會創造出相同，甚至更糟的結果。

- **專注真正的問題。**

  部分失敗的問題解決對策，是出於人們只想解決表面的問題。詹姆斯建議，別急著解決眼前的表面問題，而要尋找隱藏其後的真正原因，想辦法解決，即便看似已解，也要再三確認是否會釀成更大的問題。

- **感知自己學習時的意識運作。**

  指學習過程中，主動意識自己是否真正理解。畢竟，能夠確認學習是否有朝本質邁進的人只有自己；唯有隨時保持意識，才能確認自己是否偏離學習軌道，持續朝著當初設定的目標前進。

藉由圖表自我對話，提醒自己莫忘初表

　　追夢，首先要有個明確目標。人若缺乏目標，很可能會讓夢想變空想，什麼事也沒做，時間就不斷流逝，最後甚至連作夢的勇氣都一併失去。然而，設下的目標要具體，而且不能貪心、最好一次鎖定一種特定能力，才較容易達成。

　　目標太難、太大，往往是願望難以實現的主因。因此，我們第一步要做的

就是把「大目標」切成「小目標」。當具體目標設定好後，接下來就是運用視覺化的管理表單，分析與擬定策略，督促自己化被動為主動，離夢想更近一步。

　　「MIS自我評量分析圖」就是一張確認你的目標所在，了解自己為何而戰的自我評量分析圖。

　　「MIS」是 Market、I 與 Strategy 的縮寫，本圖共有七個需要填寫的區塊，自上而下的填寫順序，依序為：「戰略目標」、「我的能力與特質（C）」、「市場分析（M）」、「我可運用的資源（R）」、「現在的我（I_0）」、「未來的我（I^+）」與「策略與做法（S）」。其中，由市場分析（M）、現在與未來的我（I）、策略與做法（S）四個區塊，構成這張圖的主軸，因此，簡稱為「MIS自我評量分析圖」，幫助我們描繪個人的夢想藍圖。

動手畫「MIS自我評量分析圖」
填寫說明：

步驟 1

　　先寫好右上角的❶「戰略目標」（參見46頁），包括兩要素：「完成時間」與「具備的能力」。前者可設定一個具體的時間點（例如：一年後、兩年內）或時間帶（例如：一～兩年），而後者最好是有一個能量化或具體的檢核標準（例如：證照考試的名稱、大學院校的 EMBA 資格）。順序上，先設定好該能力的名稱，再依自己的情況，設定所需的時間。

　　圖表上的六個區塊填寫原則，都要參照與聚焦在「**戰略目標**」上。

步驟 2

　　填寫水平第一層左邊的❷「我的能力與特質」，涵蓋你為了達成目標，在個人內在心智方面所呈現的優缺點，不用寫太詳細，只要寫一個大方向即可。

步驟 3

　　填寫右邊的 ❸「我可運用的資源」，你可以用條列式列出所有資源，越詳細具體越好，這些都是你在培養所設定的能力時，能協助你盡早達成目標的發酵劑。

步驟 4

　　填寫水平第一層中間的 ❹「市場分析」，你可能需要先蒐集資料，從大環境寫起，再寫到自己具備該項能力後的遠景與發展性。無論是有利或不利點都寫進去，填寫的視野盡量廣一點，給自己思考與判斷的空間。

步驟 5

　　填寫水平第二層：❺「現在的我」與 ❻「未來的我」兩部分，這一區塊會與上一層「市場分析」中的未來發展性有關；另一方面，經由現在與未來的對照方式，也能對自己產生「激勵」作用。

步驟 6

　　最後，填寫最下層的 ❼「策略與做法」，這就是「戰略」與「戰術」的區塊，要參照上面寫過的「戰略目標」、「市場分析」、「我可運用的資源」等三區塊的說明，加上自己的看法與判斷再下去寫。

MIS 自我評量分析圖

❶→❼填寫順序

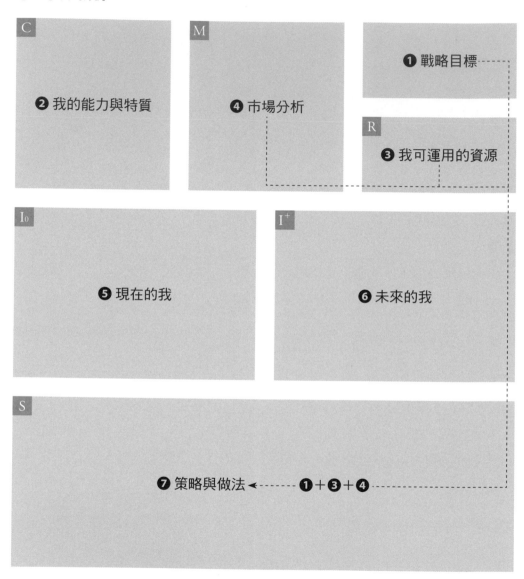

C

❷ 我的能力與特質

M

❹ 市場分析

❶ 戰略目標

R

❸ 我可運用的資源

I₀

❺ 現在的我

I⁺

❻ 未來的我

S

❼ 策略與做法 ◄------ ❶＋❸＋❹ ------

※「MIS自我評量分析圖」可至270頁查詢網址及掃描QRcode下載，以便自行複印、重複使用。

30 歲前成為平面設計師（之一）

　　查先生是視覺傳達系的畢業生，去年剛出社會，進入整合行銷公司擔任文宣美編的職務。然而工作快一年，他對於客戶、廠商經常反覆修改合作案，產品也常受限於時間、預算的因素，往往無法做出自己理想的樣貌，而想起了學生時期懷有的夢想──當個能獨當一面的平面設計師。

　　其實他已經擁有這方面的專長，只是離設計師等級還有些距離，但他很願意認真學習，因此想透過 MIS 自我評量分析圖，擬定更具體的實踐策略，最好是在 30 歲前就能達成這個夢想。請試著以查先生為例，為他找出圓夢策略吧！

　　查先生的填寫順序為（參見 48 頁）：

- 先在右上角的❶「戰略目標」填入「30 歲前成為平面設計師」。
- 在左上角的❷「我的能力與特質」中，寫上目前有的學經歷與個人特質，如：視覺傳達系畢業，擁有平面設計相關的基本學識與能力，雖然尚未達到能成為獨當一面的平面設計師資格，但他很樂意透過再學習或透過歷練方式累積能力。
- 右邊的❸「我可運用的資源」，寫上從在整合行銷公司的工作中，累積設計案的工作經歷，同時可以從公司內前輩的身上汲取更多經驗。
- ❹「市場分析」的部分，從需要多參加合作案藉此多增加經驗，及完成作品集，也對轉職之路有加分的兩部分來寫。
- 接下來，填寫❺「現在的我」與❻「未來的我」，他用圖像式想像法描繪未來遠景，鞭策自己在 30 歲前成為平面設計師。
- 最後在❼「策略與做法」提出提升自己能力、經歷的做法。

查先生的 MIS 自我評量分析圖

C

❷ 我的能力與特質
- 視覺傳達系畢業，擁有平面設計相關的基本學識與能力。
- 樂意透過再學習或透過歷練方式累積能力。

M

❹ 市場分析
- 經歷不足、個人接案的能力也相對不夠，需再多增加經驗。
- 與積極參加公司內的合作案，完成後才能成為作品集的一部分，轉職之路相對較容易。

❶ 戰略目標
- 30歲前成為平面設計師

R

❸ 我可運用的資源
- 從在整合行銷公司的工作中，累積設計案的工作經歷，同時可以從公司內前輩的身上汲取更多經驗。

I0

❺ 現在的我
- 文宣美編負責需聽從設計師、客戶廠商的意見修改內容。
- 產品受限於時間、預算的因素，無法做出自己想要的成果。

I+

❻ 未來的我
- 平面設計師對於合作案的設計方向較有掌握度，也能讓更多人看見自己的作品。

S

❼ 策略與做法
- 對於受到好評的他人作品進行研究，參觀各種相關的展覽與活動，並積極投稿，不懼怕被退稿或負評。
- 運用「解決問題計畫表」（參見54頁），來面對遇到的困難及挑戰。

4

找出最適合的學習方法
「解決問題計畫表」有效制定個人成長藍圖

制定有效計畫，無痛強化個人能力

　　許多人在職涯規畫上敢於設定遠大的目標，或是不畏說出自己的人生夢想，然而，即使有了很具體明確的終點，真正越過重重阻礙、抵達目的地的人，仍然屈指可數。

　　因為，在抵達終點前，往往有許多個人必須學習成長的能力，或是會遇到各種必須克服的問題，許多人由於缺乏有效的方法解決這些難題，以致於設定目標後，很快就因不知從何著手而放棄。

　　這些問題也可以運用很簡單的圖表工具，幫助自己以視覺化思考跨越關卡，找出符合自己情況且可行的執行計畫。

以明確可行的做法促進實踐

在幫助自己解決實踐夢想的難題上，可以接續第 3 章（參見 42 頁），運用「MIS 自我評量分析圖」確立自己的目標、盤點自己的條件與市場概況，並找出明確的「策略與做法」後進行。也就是在填完「MIS 自我評量分析圖」後，接著針對該圖的「策略與做法」，進一步思考，找出最適合自己現階段採行的方法。

接下來，我們可以運用企管顧問公司常用於解決企業營運問題的「解決問題計畫表」，此處將這張表經過一些調整，用來幫助各位解決邁向職涯或夢想目標時，遇到的種種困難。

「解決問題計畫表」是一張從問題找出執行方法的分析表格，共有六個步驟。

一般在分析問題時，會先依據經驗與理論導出幾個假設，但這張表格比較特別的地方，是在分析問題之後，先找出關鍵的成功因素，接著才是成立假設與後續的一連串作為，以節省驗證假設的時間與成本。

動手畫「解決問題計畫表」
填寫說明：
步驟 1

在❶「分析問題」中（參見 52 頁），填入要解決的問題。

步驟 2

在❷「找出關鍵成功因素」欄位方面，通常企業都有一些長期以來，解決類似問題所遵循的「準則」或「手冊」，但對於個人方面，除了靠經驗與專業外，有時還須蒐集資料來分析研究，找出其關鍵成功因素。

步驟 3

在❸「發展前提假設」則須推演出至少一個假設，這些假設都是依據❷關鍵成功因素所導出的，表示採用該假設後，就能解決與課題有關的大部分問題（80/20 法則，參見 67 頁））。以上的❶至❸階段，是整個計畫表的成敗關鍵，相當重要。

步驟 4

在❹「擬定解決方案」與❺「規畫執行要點」上，可能有不只一種解決方案，後者則是依據方案提供細部規畫。

步驟 5

最後的❻「預期成果」則是總結整個執行過程的結果，通常會有一個量化指標來評估問題是否已被解決。

此外，填寫❷至❻每個欄位之下的項目（垂直軸），注意要符合「彼此獨立，互無遺漏」的 MECE（Mutually Exclusive,Collectively Exhaustive）原則，而從❷至❻的推演過程中（水平軸），每一環節都要能聚焦、環環相扣；在填寫❹「擬定解決方案」與❺「規畫執行要點」時，也要遵循 80/20 法則（參見 67 頁），選擇能創造最大效果的方案或要點。透過❷→❸與❹→❺的兩次聚焦作用，縮小範圍，最後發展出細部的執行要點。

解決問題計畫表

① 分析問題	② 找出關鍵 成功因素	③ 發展前提 假設	④ 擬定解決 方案	⑤ 規畫 執行要點	⑥ 預期成果
①～③是成敗關鍵	延續性		延續性		量化指標

※「解決問題計畫表」可至270頁查詢網址及掃描QRcode下載，以便自行複印、重複使用。

30 歲前成為平面設計師（之二）

接續第 3 章（參見 47 頁）裡，想成為平面設計師的查先生的例子。

查先生在透過「MIS 自我評量分析圖」找出自己的戰略目標、分析過自己與市場的情況，找到自己的策略後，想進一步運用這張「解決問題計畫表」，找出幫助自己往平面設計師之路的方法。填寫順序如下：

- 在❶「分析問題」（參見 54 頁）先填入上一張「MIS 自我評量分析圖」的戰略目標：「30 歲前成為平面設計師」。

- 在❷「找出關鍵成功因素」方面，他認為有兩個，一是增加自己的經驗與能力，二是增進自信，敢於挑戰不同的領域的風格，並聆聽他人的指教。針對第一個成功因素，查先生延伸出的❸「發展前提假設」，是累積更多的設計作品。

- 為達成累積更多的設計作品的方法，查先生在❹「擬定解決方案」寫下「多參加公司內的合作案」與「增進平面設計師所需具備的美感與技能」；在❺「規畫執行要點」寫下：「關注公司的各種設計案，有機會就成為其中一員並持續追蹤案子的發展」、「儘量參加各種平面設計相關的比賽」等。

- 針對這些執行要點填寫❻「預期成果」。

查先生的解決問題計畫表

① 分析問題	② 找出關鍵成功因素	③ 發展前提假設	④ 擬定解決方案	⑤ 規畫執行要點	⑥ 預期成果
30歲前成為平面設計師	增加自己的經驗與能力	累積更多的設計作品	多參加公司內的合作案	關注公司的各種設計案，有機會就成為其中一員並持續追蹤案子的發展	參與之後獲得經驗並加入作品集
			增進平面設計師所需具備的美感與技能	儘量參加各種平面設計相關的比賽	即使不得獎也能有所收獲，若得獎則更增加自信
	增進自信，敢於挑戰不同的領域的風格，並聆聽他人的指教	對自己的作品更有信心，也能勇敢向客戶自薦	磨鍊自己的鑑賞眼光	透過線上學習課程	學習更多的技術
				觀摩各種相關的展覽與比賽	增加敏銳度

5

做好個人時間管理，
開啟你的第二人生

「一週時數管理表」攤開檢視每週的投入時數

從每週時數調整學習進度與節奏

在資訊發達的現代社會，產業間的競爭越來越激烈，雖然帶來物質生活水準提升，連帶造成消費支出提高，但各行各業的薪資水準成長卻相當有限。許多人為了提升生活品質，紛紛投入在職進修，或培養第二專長，試圖透過增強個人能力而升職加薪，或是開發額外收入。

上班族每天已在工作與生活等種種瑣事中忙得團團轉，即使想撥出時間進修、學習、發展第二專長，若沒有良好的時間規畫，往往會流於設定了目標、擬訂好計畫，但不久後就放在一邊，不僅對人生沒有帶來任何改變，反而徒增心理壓力。

事實上，學習需要紀律，更需要方法，很多人對自己渴望的目標只有「三

分鐘熱度」，無法確切落實，問題出在於缺乏具體且適合自己的執行計畫，或是雖有計畫，卻跟不上意外事件帶來的變化，導致執行力低落。

檢視自己的投入程度與心態

為了達成目的，可用這張管理個人學習時間的「一週時數管理表」，此表單以「週」為單位，是因為不論是學習語文或某一項專業能力，成功的關鍵往往在於持之以恆；將時間規畫深入每週，才能於生活中確切落實、培養成扎實的能力。

這張表的目的，是為了幫助大家按計畫學習，每週追蹤進度，即便發生進度超前或落後，都能快速檢視與調整，讀者可依個人情況再行修改，設計符合自己學習現況的紀錄表單。透過簡單的表單書寫，可督促你確實推動學習進度，使在忙碌的工作之餘學習新事物，將不再是難以落實的遙遠夢想。

動手畫「一週時數管理表」

填寫說明：

步驟 1

在❶星期欄位填入日期（參見 58 頁），再將預計執行事項填入❷ A、B 欄位；時段欄位則是時間刻度，可以一小時為一個刻度。若有填寫第 4 章的「解決問題計畫表」（參見 52 頁），則可將其中的「規畫執行要點」填入 A、B 欄位。

步驟 2

填寫方法是在當天相對應的時間刻度內，以色筆畫出一條垂直線段，表示該項訓練的時間帶。

步驟 3

在下方欄位填入當天各項訓練的時數紀錄，還有❹「與目標差距」的時數（即計算實際時數與❸自訂的預定基本時數的差距），隨時檢視進度。每週結束，再加總算出❺訓練總時數。

一週時數管理表

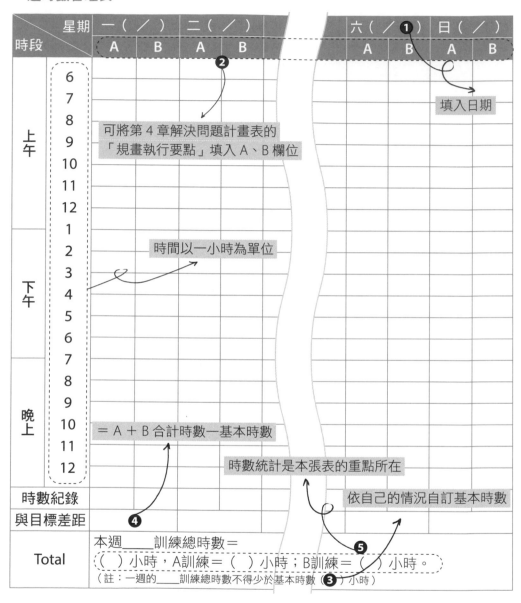

星期 時段		一（／）		二（／）				六（／）①		日（／）	
		A	B	A	B			A	B	A	B
上午	6										填入日期
	7										
	8			可將第4章解決問題計畫表的							
	9			「規畫執行要點」填入 A、B 欄位							
	10										
	11										
	12										
下午	1										
	2			時間以一小時為單位							
	3										
	4										
	5										
	6										
晚上	7										
	8										
	9										
	10			＝ A＋B 合計時數－基本時數							
	11										
	12							時數統計是本張表的重點所在			
時數紀錄								依自己的情況自訂基本時數			
與目標差距		④					⑤				

本週＿＿＿訓練總時數＝
（　）小時，A訓練＝（　）小時；B訓練＝（　）小時。
（註：一週的＿＿＿訓練總時數不得少於基本時數（③　）小時）

Total

※「一週時數管理表」可至270頁查詢網址及掃描QRcode下載，以便自行複印、重複使用。

30 歲前成為平面設計師（之三）

　　想要成為平面設計師的查先生，在第 4 章的動手練習中已運用「解決問題計畫表」（參見 54 頁）找出自己該強化個人能力的執行要點，包括針對他個人的興趣，多練習設計書籍封面，以及多觀摩、分析設計師的作品。

　　他預計在工作之餘，每週花九小時在上述的實作與學習。請試著以查先生為例，練習規畫每週可能的時間安排吧！查先生的填寫順序如下：

- 將前一張表「規畫執行要點」中的訓練項目，填入「一週時數管理表」的❶欄位中（參見 60 頁）。

- 逐日記錄各項目的時數。例如：查先生在每週一～五早上 07:30 ～ 08:00 上班搭車通勤時間裡都花了 0.5 小時追蹤手上的案子，晚上 08:30 ～ 09:00 進行線上學習課程，因此本日加總 1 小時，與前一張表「解決方案」中設定的❷一週預定的能力提升訓練基本時數 9 小時，差距❸ 8 小時，代表往後 6 天還要完成 8 小時的訓練。

- 在每週結束時，將各項訓練的總時數各自填入，再合計為❹本週訓練的總時數。

　　這張管理表除了可記錄學習過程，也具有情境回顧與學習上的正增強效果。讀者可以參考本表的精神，自行調整為適合自己的表單，重點是一定要有過程紀錄，才能讓訓練持久不懈。

查先生的一週時數管理表

星期 時段		一		二			六		日	
		❶ 關注公司的各種設計案	線上學習	關注公司的各種設計案	線上學習		觀摩各種相關的展覽與比賽	線上學習	觀摩各種相關的展覽與比賽	線上學習
上午	6 7 8 9 10 11 12									
下午	1 2 3 4 5 6									
晚上	7 8 9 10 11 12									
時數紀錄		0.5	0.5				2		2	
與目標差距		❸-8								
Total		本週能力訓練總時間＝（❹9）小時，關注公司內各種設計案＝（2.5）小時、線上學習（3.5）小時、觀摩各展覽與比賽＝（3）小時。 （註：一週的能力訓練總時不得少於基本（❷9）小時								

6

工作總是做不完？
列出優先處理的三件事

「艾森豪矩陣」以重要、緊急判斷現在該做什麼

觀念說明
越忙，越要先做好重要但不急的事

　　整理會議紀錄、準備簡報資料、完成老闆交辦事項，還有原先預定的今日進度⋯⋯在工作之外，家人突然來電溝通家務事、傳訊息提醒家庭聚餐要安排，還有日用品用完了該買也不能忘記⋯⋯當事情又多又急又雜亂時，你是否也會不知該先做哪一樣，很想兩手一攤？

　　要從容且專注地完成每一項任務，不必記掛其他待辦事項，並非不可能。只要充分運用醫學上強調的「預防勝於治療」觀念，從源頭分類問題、優先解決重要事務，就能徹底擺脫被緊急的瑣事牽著跑的困擾，讓時間發揮出最大效益。

　　利用「艾森豪矩陣」，即可幫助你將各種大小事項依據重要、緊急程度，安排出處理的優先順序，讓你不再總是被事情追著跑，忙得團團轉。

將事情確實分類，排出優先順序

「艾森豪矩陣」（Eisenhower Matrix）是一種與時間管理有關的思考工具，又稱為「艾森豪原則」或「優先矩陣」（Prioritization Matrix），據說其由來與美國第 34 任總統德懷特 · 艾森豪（Dwight D. Eisenhower）有關。

艾森豪總統有一套一絲不苟、強力貫徹的處理事情優先順序原則，在他的觀念中，「永遠」要優先處理最重要與最急迫的軍事任務，其他都可以暫時擱著，等待後續處理；後來有人將他這個概念延伸，創造了一種依事情的重要性（important）與急迫性（urgent）加以分類的 3×3 表格，並以「艾森豪」來命名。在一般應用，則多利用 X、Y 軸的概念，轉換成四個象限的模式，更簡便直接。

艾森豪矩陣屬於工作分類的概念，相當方便上手，在還沒有處理事情前，先將事情依重要性與急迫性的程度分為四類：

- A：具重要性又很緊急的案子
- B：重要但不是很迫切的任務
- C：雖不重要但很緊急的事件
- D：既不重要也不急迫的工作

運用的方法，是在畫出表格後，將手上的工作事項依輕重緩急，一一填入相對應的方格或象限中。事情是否緊急，要看你所處的時間（所剩時間）而定，即在這個期限內，它是否必須完成；如果能及早準備，就能把緊急變成不緊急（因為已經先準備好了）。至於事情重要與否，是與其他各項比較的相對結果。

這樣判斷事情，全都清清楚楚

在判斷事情的輕重緩急時，也可以參考下列分類原則：

1. 工作依時間軸可區分為「想做」（準備做）與「固定要做」（常態性）兩類：前者是目前不必進行，但未來須撥出一段時間處理，後者是當下正在進行或即將處理的工作。

2. 有些事情屬於可一次解決的「單點式」工作，有些則屬於要分不同階段才能完成的「延續性」工作：前者如「到 ATM 匯款」，後者如「籌備婚宴事宜」等。

整理時，建議將以上四類工作（想做／固定要做／單點式／延續性）的性質區分清楚，並以不同記號或螢光筆標示。這樣一來，在看這張表單時會更有靈感與想法，進而懂得如何調度、分配資源，也更有效率。

對於這四類工作，也應採取不同的應對態度，處理原則是：

要優先處理的 A 組應占少數，但這些事項對整體工作安排影響重大，如果不立即進行，而先處理 B、C、D 組的事情，不僅沒有幫助，A 組的工作也會如影隨形地跟著你，牽制住你對整體的布局與決策思考能力。因此，處理 A 組的事項就是處理「關鍵少數」的工作藝術。此外，在填表格時，請注意三點：

1. 描述工作項目的文字盡量簡潔。

例如上下班時接送小孩、今天需到銀行辦理房貸等。

2. 填好後，再次檢視是否分類確實，或有沒有遺漏的項目。

3. 請確實做好分類，以反映對工作順序的優先判斷。

許多人填好後會發現，全部或大部分的工作，都集中在很重要又很緊急的 A 組，其他方格（B、C、D 組）幾乎都空白，如此就失去填表的意義與價值。

依據上列注意要點來描述工作、進行分類，能有效讓表單更一目瞭然而便於應用。

動態調度事項分類，彈性處理工作

在知道運用艾森豪矩陣的方法後，也要知道突然有重大又急迫的工作安插進來時，該如何調度資源，進行應變。

舉例來說，方小姐本來下班後要去接小孩回家，這是她每天固定在做的「重要又緊急」的事情（A組），有一天她臨時要加班無法接小孩，這時，她可以採取變通的做法：請媽媽或妹妹等親人去接小孩，再照顧到她下班回家為止，或是告知安親班，因臨時有事而須讓小孩待晚一點。

此外，優先處理「重要又急迫的工作」（A組）是一個原則，但對於「重要但不急迫的工作」（B組），是否就可以一直放著，等到A組都完成後再執行？其實，工作的執行過程是動態的，而不是靜態的；**當你在執行A組的某些工作時，通常還是有一些空檔時間，可用來思考B組的工作**，最常見的是屬於「規畫性」的工作。例如：兩年內要全面提升公司的營運績效，這種規畫性的工作需要時間與縝密規畫，也具有某種程度的急迫性。因此，比較周延的做法是：**思考並調和A、B兩組工作的進行與時間分配。**

同時，現在所列出的艾森豪矩陣中，四大類別的事項也不是一成不變，可能在隔天或是隔週就要重新調整一次。因為有些重要又急迫的工作會臨時插進來，有些事項已完成即可刪除，也有些工作會從B組（重要但不緊急）提升到A組（重要又緊急）的等級，因此，這是一張**時時在變動的表單**。

動手畫「艾森豪矩陣」

填寫說明：

步驟 1

先依據重要、緊急與否畫出 3×3 表格，或以 X、Y 軸表示事情重要與急迫性的程度，得到A（緊急／重要）、B（不緊急／重要）、C（緊急／不重要）、D（不緊急／不重要）四個象限，如 66 頁圖表。

步驟 2

將所有待辦事項依必須完成的期限所剩時間，分為緊急或不緊急，並將各項進行互相比較，判斷其重要或不重要。

步驟 3

將分為四類的工作事項填入表中。

步驟 4

隨著時間與事情的變化，或是臨時插進來的突發事件，機動調整四個類別中的事項。

艾森豪矩陣概念模型

	重要	不重要
緊急	A	C
不緊急	B	D

※「艾森豪矩陣」可至270頁查詢網址及掃描QRcode下載，以便自行複印、重複使用。

艾森豪矩陣的處理原則

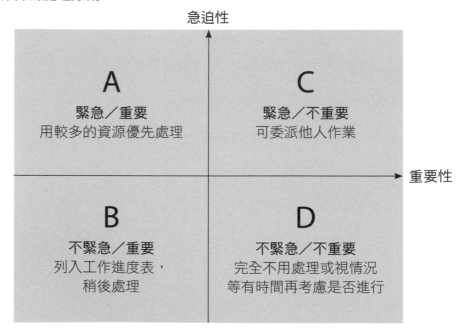

急迫性

A
緊急／重要
用較多的資源優先處理

C
緊急／不重要
可委派他人作業

重要性

B
不緊急／重要
列入工作進度表，
稍後處理

D
不緊急／不重要
完全不用處理或視情況
等有時間再考慮是否進行

80/20 法則與 ABC 分類法

艾森豪矩陣的由來，與 19 世紀末、於 1897 年由義大利經濟學家與社會學家帕列托（Vilfredo Pareto，1848～1923）所發現的「80/20 法則」有關。

帕列托研究 19 世紀英國社會財富與收益的模式，發現約 20% 的富人擁有社會 80% 的財富，形成極不平衡的現象；同時，他也進一步發現，在社會其他層面，80% 的付出只能帶來 20% 的結果，例如：原因與結果、投入與產出、努力與報酬間，也普遍存在分配不均的現象，代表關鍵少數（20%）占有多數資源或重大影響（80%）。

80/20 法則常引用在時間管理上，提醒我們要找出究竟是哪 20% 的關鍵，能夠帶來 80% 的收穫，然後致力其中，才能獲得最大效益。

此外，與艾森豪矩陣、80/20 法則概念相近的，還有物料庫存管理上的「ABC 分類法」，也稱為「重點分類管理法」。這是將存貨依照「項目／數量」與「價值」高低分為 A、B、C 三個等級來控管，如應用在時間管理上，則能以工作的重要性來分 A、B、C 級，作為優先處理或不同應對方式的依據。

更多「ABC 分類法」的介紹可參閱第 24 章（230 頁）。

抓出三件要事，再忙也不怕

何先生是名國中補習班數學老師，他所教的學生在不到兩週後就要進行期末考，班主任也跟他提起，要找時間討論下學期課程的安排。昨天兒子在學校和同學發生衝突，他還沒時間了解詳情；內向的女兒對就讀小學充滿擔心害怕，需要好好安撫；跟妻子溝通暑期帶小孩旅遊的事情還沒有結果，最近浴室又漏水造成鄰居困擾尚未處理，這些事情讓他忙得焦頭爛額，請試著運用艾森豪矩陣，幫助何先生排好優先順序，能好好喘口氣吧！

他將想做、必須做和準備做的事寫下來，以當月為期限，並整理出輕重緩急，其重要性與否，包括考量是否有替代方案，像是「暑期旅遊」請旅行社規畫方案等。透過整理思考，輕鬆解決手頭上的事，讓生活不再過度緊張！

何先生的要事艾森豪矩陣

	重要	不重要
緊急	・浴室漏水 ・為學生準備重點複習 ・兒子在學校和同學發生衝突	・暑期帶小孩旅遊 ・女兒對就讀小學充滿擔心
不緊急	・學生留下來問問題 ・家裡的支出記錄與整理	・討論下學期課程

二

決策篇

人生不能只靠運氣，
每次都是最好的決定

六張圖表，助你擺脫選擇困難症！

- **PMI列舉表**：整理你的腦迴路，重設人生演算法
- **CAF思考表**：列出所有影響要點，做出理想的選項
- **決策矩陣**：鬆綁你的抉擇焦慮，留更多時間給自己
- **SWOT分析表**：書寫你的優劣勢，規畫人生地圖
- **樹狀圖**：斷開煩惱，展開與自己對話的旅程
- **黃金圈法則**：傾聽你內心的聲音，完成自我實現

7

三個重點成就
精彩人生的轉捩點

「PMI 列舉表」讓猶豫事項變清晰

將猶豫點化為具體事項，個別擊破

　　人生是一連串「選擇」的結果，生活中的大大小小事，都充斥著選擇的機會。對上班族而言，上至個人工作轉換跑道，下至產品設計方案選擇，或身兼主管必須決策公司經營方針，抑或取捨和合作廠商續約與否等，都是經常面臨的抉擇情境。

　　尤其是轉職的選擇，更應該是個慎重的決定，就算只是在原公司異動，心裡不免也會盤算該接受或拒絕。當不知該如何抉擇時，有些人會想很久，遲遲拿不定主意，反而不小心讓自己陷入更糟的境地：

- 等到做出決定時，時機已過。
- 最後受迫於時間，匆促決定。

・ 決策不夠成熟周延，連說服自己都難。

分析優點、缺點、考量點，答案就浮現

　　每個人都會面臨各種困難選擇，能快速做出決定的人，不是遇到的問題比較簡單，而是自有一套理清思慮、分析判斷的有效方法，幫助他們快速採取行動，取得成果，而不是把時間浪費在三心二意上。

　　一般人煩惱、猶豫不決的事件，不外乎可以拆成幾個層面：

・ **優點（Plus）**：好處、利得
・ **缺點（Minus）**：壞處、損失
・ **考量點（Interest）**：包括缺乏資訊而無法判斷、需要衡量的條件不明、
　　牽涉到其他人，需要跟對方商量等

運用圖表具象思考，不再窮緊張

　　因此，面對取捨難題時，可運用簡易方便的「PMI（Plus Minus Interest）列舉表」，試著針對主題將腦海中的想法寫下來，化為具體評估事項、有效找出解方，而非瞎操心、窮緊張。

　　因為，**當你將這些優缺點一一以文字寫下來時，大腦就開始在整理思路，寫的過程也就是思考的過程，等到填完表單後，就能看著表單將內容做出整體考量，最終一步步導出最佳決策。**

動手畫「PMI列舉表」
填寫說明：
步驟 1

　　設定好所要探討的主題。例如：「是否該購買平板電腦取代原先的筆電？」

步驟 2

　　將你針對這件事情所想到的所有優缺點，盡量列舉上去，但是每一項都要仔細考量幾分鐘，好讓正反意見都能清楚呈現。

步驟 3

　　在列舉優缺點的過程中，你可能會延伸出其他相關想法。

　　例如，如果你正在考慮開一間具懷舊風味的咖啡店，在優點欄寫下「自己對創業有高度動機與興趣」，但接著卻想到資金、店面與咖啡豆貨源從哪來？這時，就可以將這些相關事項寫在「考量點」一欄內。

步驟 4

　　「考量點」也代表還沒解決的問題，需要更多的訊息與說明，往後等到訊息更完整或不確定的事情明朗化時，就可以將這些考量點轉為填入優點或缺點欄。

PMI 列舉表概念

Plus	**M**inus	**I**nterest
優點	缺點	考量點
喜歡或贊同的原因	不喜歡或不贊同的原因	尚未考慮清楚的因素
＿＿＿＿＿＿＿	＿＿＿＿＿＿＿	＿＿＿＿＿＿＿
＿＿＿＿＿＿＿	＿＿＿＿＿＿＿	＿＿＿＿＿＿＿
＿＿＿＿＿＿＿	＿＿＿＿＿＿＿	＿＿＿＿＿＿＿

※「PMI列舉表」可至270頁查詢網址及掃描QRcode下載，以便自行複印、重複使用。

該不該跳槽接受新職務？

目前在台北一間金控公司上班的洪先生，已婚，有兩個小孩，太太未上班，專心照顧家庭。已是高階主管的他，前陣子接到一間國際獵人頭公司來電，告知新加坡有間國際知名金融集團的工作空缺，除了年薪是現在的三倍外，更享有住房、配車、分紅、保險等諸多福利。洪先生聽了十分心動，利用休假使用線上視訊進行面談，結果也很順利。

但他心中其實很猶豫：要拋下台灣的一切，飛到新加坡接受新職？還是要留在台灣，往後還是能領到豐厚的退休金。跳槽代表具有某種程度的風險，就在洪先生拿不定主意之際，他運用 PMI 列舉表，將接受新職所能想到的優缺點一一寫下，來做整體思考，於是列出如 74 頁圖表。

洪先生拿著表單與太太分析討論，夫妻倆都認為，最重要的關鍵有兩個：除了物質報酬外，就是自己對新工作的興趣與熱情，若沒有這個前提，討論 PMI 表就沒有多大意義。另一個是孩子的轉學與適應問題，但他們認為，只要與孩子坦誠溝通，做好心理建設，問題應該可以解決。至於表單中的其他項目並不如想像中嚴重，可分成三種情況：

1. **選擇跳槽一定會有的結果**：例如放棄台灣薪資與退休金的機會成本、創業的風險與不確定感、人脈斷層（無法像在台灣般維繫人脈）、搬到陌生的城市等。

2. **有辦法解決的項目**：對父母的探望與照顧問題。

3. **不必考慮的問題**：是否能勝任新工作與新公司的組織文化等考慮點，是每次轉換工作必有的假命題。

經過以上分析與討論後，洪先生很快就做出決定，接受新工作的挑戰，舉家遷往新加坡，開啟人生的新可能。

評估接受新加坡新職務的 PMI 列舉表

P（優點）	M（缺點）	I（考量點）
·**年薪：** 目前的三倍＋分紅	·**機會成本：** 放棄台灣的薪資與退休金	·孩子如何適應新環境與新學校？
·**福利：** 享有住房、配車	·**不確定感：** 創業的風險	·創造空間有多大？
·**發展：** 工作內容有趣、具開創性	·**父母：** 無法常探望與照顧	·能勝任新工作嗎？
·**成就感：** 如果成功，可開創另一事業高峰	·**小孩：** 台灣課業中斷，須重新適應新環境（轉學）	·能適應新公司的組織文化嗎？
	·**客戶與朋友：** 人脈斷層	·近年台灣整體經濟環境持續惡化
	·**居住：** 搬到另一個陌生的城市	

8

條理思緒混亂的生活，
開啟改變人生的關鍵

「CAF 思考表」將考量點明確排出優先順序

觀念說明

列點解析，難題再大都能理出頭緒

　　許多人並非沒有夢想，最後卻一事無成，淪為平庸，往往不是天生能力不足，做不出一番成就，而是遇到難題時，缺乏有效的方法協助理清思緒，以致於夢想一籌莫展，最後只好放棄。

　　在做一個複雜決策前，最需要先釐清自己對目標究竟有什麼期待。透過對目標的想像，逐一列出所有考慮因素，再將之以優先順序排列，往往就能將心中模糊的想法，化為具體的項目、指標，引導自己找出決策的關鍵點。

將決策標準視覺化，統整所有因素

　　「CAF 思考表」是由英國的思考大師愛德華・狄波諾（Edward de

Bono）所發想。「CAF」是 Consider All Facts 的縮寫，意即**考慮所有因素**。也就是當我們察覺遇到難題時，與其猶豫不決、胡思亂想，或是心慌放棄、錯失良機，不如運用邏輯表單，將所有需考慮的因素仔細列下來以便評估。

CAF 表的原理，是運用三欄式表格將決策標準視覺化，由**「事實／考量點」、「優先順序」與「備註」**三方面所構成。

不同於第 7 章的「PMI（Plus Minus Interest）列舉表」（參見 70 頁）是從已確定的觀點（優缺點）進行思考，「CAF 思考表」則是在得出觀點前分析各種因素，盡可能完整考慮所有因素，並在第二階段透過 A、B、C 三級分級排序來找出決策關鍵。**PMI 列舉表與 CAF 思考表可視需求交叉使用。**

動手畫「CAF思考表」

填寫說明：

步驟 1

先設定好主題，然後將所蒐集到的事實或心中想到的考量點填入❶最左方的欄位。

步驟 2

接著在❷中間的優先順序欄位，將事實／考量點的項目，依優先順序自上而下排列，並加以分類。通常分為三大類，A 類代表須第一優先考慮（最重要的因素）的項目，B 類其次，C 類則是最後考量項目。

步驟 3

排列完成後，再將與主題有關的事項填入❸備註欄中，可能是一個點子或待查證的問題，未來釐清後再填入❶事實／考量點與優先順序的欄位中。

CAF 思考表製作方法

❶	❷	❸
事實／考量點	優先順序（ABC）	備註
列出自己考慮的事	將❶左欄項目依序重新排列，並標記重要程度的分類	與主題相關的點子或待查證的問題

事實／考量點	優先順序（ABC）	備註

※「CAF思考表」可至270頁查詢網址及掃描QRcode下載，以便自行複印、重複使用。

找回健康，選擇最適合自己的健身房

今年芳齡 30 的周小姐，在人人稱羨的四大會計事務所之一工作。近幾年她認真打拚事業，仕途亨通，一路升遷，如今身為資深主管的她，帶領著一支菁英小組，不只工作壓力大，也常常和下屬、同事們一起熬夜加班，這種時候，一起叫外送、吃宵夜，成為她小確幸的舒壓方式之一。

日復一日忙碌的生活，直到有一天，她在辦公室裡突然覺得心跳得很快，接著感到胸口悶痛不已、呼吸困難，一站起來便覺得天旋地轉，過不久就雙眼昏黑，不省人事。

被送到醫院後，醫生為周小姐做了全身健康檢查，才發現她已有糖尿病前期症狀，血壓、血脂也很高。這突如其來的噩耗，對周小姐而言真是晴天霹靂。沒想到自己才這麼年輕，就有罹患糖尿病的風險，甚至還有可能心肌梗塞，她從小到大，身材雖然一直都是肉肉的，但男朋友從未因此嫌棄過她，親朋好友也覺得她胖胖的很可愛，加上爸媽總是告訴她「能吃就是福」，因此她對自己的身材不甚在意，也沒有特別忌口；沒想到，如今卻被告誡，如果再不減肥，恐危害身體健康。

如大夢初醒般，周小姐開始想要認真改善飲食、管理體重，除了戒掉愛吃宵夜的習慣，也與上司促膝長談，調整工作量，讓自己不再需要長時間加班，騰出時間來好好鍛鍊身體。但一個人運動實在很難持之以恆，所以她決定尋求專業，從離家近的健身房找起，但隨便一搜就有四、五家，不知該從何比較，於是她列出一張「該選哪一間健身房」的 CAF 思考表（參見右圖），想釐清該以哪些指標為選擇依據，再依分數高低選出該去哪一間健身房上課，尋求專業協助。

釐清理想健身房條件的 CAF 思考表

事實／考量點	優先順序（ABC）	備註
離家近	一對一教學經驗(A)	詢問其他上過的學員心得
師資專業度	離家近(A)	步行10分鐘左右的距離
器材安全性與數量	會幫忙制訂飲食計畫(A)	詢問菜單內容
上課時間	身體數據追蹤(A)	Inbody測量，體脂肪、內臟脂肪指數
收費標準	器材安全性與數量(A)	詳細使用教學與手冊說明
健身房評價	師資專業度(A)	蒐集師資評價
上課人數多寡	健身房評價(B)	
場地環境	上課時間(B)	
身體數據追蹤	上課人數多寡(B)	應該優先考慮的項目（A群）
課程多樣性	場地環境(B)	
會員制度	課程多樣性(C)	
一對一教學經驗	會員制度(C)	
會幫忙制訂飲食計畫	收費標準(C)	

水平思考法 vs. 垂直思考法

「水平思考法」與「垂直思考法」是兩種相對應的不同概念。

CAF 思考表屬於水平思考法，運用的是「類比」概念，以一個課題或關鍵字為核心，進行「面」的搜尋，尋找相似的事物，這是由思考大師愛德華 · 狄波諾所提出的思考方法，知名的「六頂思考帽」正是他關於水平思考的重要實踐工具。

PMI 列舉表則屬於垂直思考法，是運用上下串聯的概念，進行向上與向下的延伸與擴展，著重的是單點突破的分析能力。

在運用方法上，可先運用水平思考法認清整體與局部之間的關係（宏觀），再針對重要的特定部分（微觀），運用垂直思考法進行深入分析。

9

打分數解救你的大腦，
想法也要斷捨離

「決策矩陣」專治選擇困難症

善用評分機制，客觀衡量個人需求

　　在資訊發達、生活便利的現代社會，無論是工作、進修、消費，往往都有諸多選擇。在工作上，你面臨的可能不僅是換不換工作，而必須連同換什麼工作，有哪些可能的工作機會都必須考量進去。

　　進修深造也是，每間學校的師資、研究專長、費用、交通等，都是影響決策的因素；若想要將每一分錢做最佳運用，即使只是買一包家庭必備的衛生紙，也可以從紙質、吸水性、每抽單價等來比較，更何況有時候必須在高單價的房子或車子中做選擇。

　　只要是有兩種以上、不同但相似的物品可選擇，我們的思考就會變得比較複雜與謹慎，許多人常因此覺得選擇困難，而感到挫折喪氣，或乾脆胡亂決定。

這時，一種簡易型的「決策矩陣」（Decision Matrix）表單就能派上用場，幫助我們輕鬆進入思考與決策流程。

用工具促進決策，挖掘真正想法

「決策矩陣」是協助日常生活做決策的工具之一，尤其適用於已經鎖定好少數特定目標，要從中擇一、需要拿這兩者或三者仔細分析比較的情境。

決策矩陣（參見右圖）是一張四欄式的表格，分別代表「序號」、「評估項目」（考慮因素）、「評估對象 A」與「評估對象 B」（或更多對象），透過給評估對象打分數的方式，加總比較，得分高者即為較佳選擇。

也許你會問：打分數是一種很主觀的認知，這樣準嗎？

以購物決策為例，由於你是買東西的決策者，由你來評分，當然比別人來評分更合情合理，只要這個分數是你綜合考量所有評估項目後的結果，再經過加總，就是當下所能做的最好選擇。

另一方面，沒有任何決策是十全十美的，有了一個評估分數的客觀系統，還是能避免猶豫不決或瞎子摸象式的決策方式。在運用表單做決策的過程，也有助於發現自己真正的想法或心意，進而順利做出決定。

動手畫「決策矩陣」
填寫說明：
步驟 1

在❶「評估項目」中填入自己需考量的面向，注意這些項目都是正面表列（正向的語句）。

步驟 2

針對❷「評估對象 A」與❸「評估對象 B」的每個評估項目給予 1 ～ 5 分的評分，將該分數填入相對應的格位中。當然，也可以將評分範圍設定為 1 到 10 分，只是如此一來較為複雜。在此我們簡化為 5 個級距。

步驟 3

在最下方❹「合計」的欄位加總 A 與 B 的得分。

步驟 4

得出結果：分數越高者，就是你應該選擇的對象（A 或 B）。

決策矩陣基本模式

序號	評估項目	評估對象A：＿＿＿＿＿ （1～5分）	評估對象B：＿＿＿＿＿ （1～5分）
	❶	❷	❸
	合計	❹	

※「決策矩陣」可至270頁查詢網址及掃描QRcode下載，以便自行複印、重複使用。

進階應用

強化評分方式的「重點決策矩陣」━━━━

　　在使用決策矩陣進行評分的過程中，可能會發現有些評估項目（例如：登機行李箱的拖拉順暢度）是你特別重視的，這時，為了讓評分結果更能反映事實，你可以對這些評估項目給予加權（加重計分），成為一種強化後的決策矩陣，也就是「重點決策矩陣」。

　　做法有兩種：

　　1. 採用加權等級：適用於評估項目較多時（五個以上）。

　　方法是針對不同的評估項目給予不同的加權等級，例如：1 ～ 5 級，等級越高，相乘後的加總計分也越高，雖然是針對個別項目給予等級，但還是要就整體項目做比較評估後再進行，較為周延。

　　2. 採用百分比概念：適用於評估項目較少時（五個以內）。

　　這是一種「排擠效應」的概念，也就是將所有評估項目的總分設定為 100 分，由你對不同的評估項目進行總分的分配，這樣做的好處是可以同時比較與思考項目之間的消長變化。

重點決策矩陣

序號	評估項目	加權 (1~5級)	評估對象A (1~5分)	A：_____ 總分	評估對象B (1~5分)	B：_____ 總分
	合計					

該買哪一支手機 CP 值最高？

　　王小明是剛畢業不久的社會新鮮人，大學就讀國貿相關科系的他，希望在踏入職場後，能學以致用、快速理解職場文化，同時擴展自己的人脈，思來想去，覺得業務性質的工作最能幫助他達到以上目的。打定主意後，便主動向幾家心儀的公司投遞履歷。幾經面試，小明很幸運地受到一間福利還不錯的跨國貿易公司青睞，錄取的職務正是業務。雖然業績壓力不小，但達標獎金優渥，對於新人的培訓計畫也很完善，讓他到職不滿半年，就已能掌握七、八成的工作流程和業務內容，只是還缺乏實戰經驗。

　　於是在上個月，主管派他與同部門的前輩一起去拜訪幾個重要客戶，也好讓他在出差期間，多多向前輩們討教學習。

　　由於業務常常需要用手機傳訊息或通話，小明發現前輩們都會另外準備一支業務專用的商用手機，不像他，仍使用私人手機來洽談公務。一開始，他覺得不用帶兩支手機比較方便，但久而久之，小明發現這樣做有幾個缺點：首先是在回客戶訊息時，偶爾會跳出私人訊息，甚至還有一次不小心回錯群組，幸好及時收回才沒有釀成大禍。再來是，當他休假時，客戶的電話或訊息會時不時跳出來干擾，讓他無法好好休息。於是當他談成了一件大案子，也領到了人生第一份獎金時，他決定要效仿前輩們，買一支商務手機給自己，將個人私領域和公領域分開。

　　挑選手機時，小明主要考量幾個面向：通話費率、通話品質、電池續航力持久，再衡量自己的經濟能力，他選定了兩款知名的 A 牌手機與 B 牌的中階手機。

他的決策步驟如下：

- 經過網路查找評價，並實地的店面試用後，選出兩款知名的❶A牌與B牌中階手機。

- 為了更精確評估購買決策，他使用決策矩陣來分析（參見88頁）。

- 經由決策矩陣的細項分析和評估後，得出❷A牌手機（共30分）是他的最佳選擇。

- 謹慎起見，小明繼續做了具有加權性質的「重點決策矩陣」（參見89頁）。

- 他將所有評估項目給予❸加權（1～5級），再計算A、B品牌手機的總分。

- 由後圖的重點決策矩陣可見，經由加權後的結果，❹得出A牌手機的總分（113分）領先B品牌（98分）。

購買 A、B 品牌手機時的決策矩陣

序號	評估項目	評估對象A （1～5分） ❶	評估對象B （1～5分）
1	價格	3	4
2	性能	4	2
3	輕便度	5	3
4	續航力	4	4
5	通話品質	3	3
6	手機容量	2	4
7	品牌評價	4	3
8	手機費率	5	3
	合計	30 ❷	26

重點決策矩陣

序號	評估項目	❸加權 (1~5級)	評估對象A (1~5分)	A 總分	評估對象B (1~5分)	B 總分
1	價格	2	3	6	4	8
2	性能	3	4	12	2	6
3	輕便度	4	5	20	3	12
4	續航力	5	4	20	4	20
5	通話品質	5	3	15	3	15
6	手機容量	4	2	8	4	16
7	品牌評價	3	4	12	3	9
8	手機費率	4	5	20	3	12
	合計	30		113 ❹	26	98

10

花時間與自己對話，為每個決定創造價值

「SWOT 分析表」整體掌握內外優劣勢

觀念說明

分析內外在環境，找出個人競爭優勢

要走出不同的路，創造自己獨特的價值，往往是從認清自己的優勢與劣勢開始，但「了解自己」這樣看似簡單的原則，卻是許多人在職場上最缺乏的能力之一。除了自我評估之外，外部環境往往也對一個人、一件事的成功與否具極大影響，因此也是必須納入考量的重要因素。

企業在產品行銷策略與企業經營策略分析上，廣泛運用的「SWOT 分析表」，已是企管顧問公司幫企業進行診斷時，經常採用的策略分析工具，其應用層面不限於企業，也可用於個人生涯規畫與家庭面對的問題。

若將個人職涯視為公司來經營，不妨利用 SWOT 分析表盤點能力或職場的優劣勢，幫助你的生涯發展策略做出具體分析，人生的地圖也將隱然浮現。

SWOT分析表是什麼？

　　「SWOT分析表」是由美國舊金山大學的衛里克（H.Weihrich）教授於1980年代初提出，由於方便好用的特性，不久即在企業間廣為流傳運用，是企業經常運用的整合分析工具。

　　「SWOT」代表「**優勢**」（Strength）、「**劣勢**」（Weakness）、「**機會**」（Opportunity）與「**威脅**」（Threat）四個英文單字。前面的優勢與劣勢代表企業的內部環境，後面的機會與威脅則代表企業的外部環境，將以上代表企業內部與外部環境的四個有利／不利因素，排列起來即可做出一張3×3的分析表。

　　雖然SWOT分析表具有方便、好用與結構化的優點，但也有其缺點。由於產業環境一直在變化，而SWOT分析表屬於短期性的靜態分析，無法提供企業制定中、長期戰略所需的資訊，這點較為不足，但在個人與家庭生活中仍不失為一個好用的分析工具。

動手畫「SWOT分析表」

填寫說明：

步驟 1

　　將針對企業（或個人）分析後的結果填入相對應的方格中（參見92頁），重要的因素排在前面。可能需要先蒐集資訊或跨部門合作。

步驟 2

　　依序填入：

❶ **優勢（S）**：企業（個人）內部因素的優點，通常指擁有領先競爭對手的能力，或對手不具備的資源（例：面板產品的研發能力強）。

❷ **劣勢（W）**：指企業（個人）所缺少或做得不好的層面（例：產品物

流太慢，導致客訴）。

❸ **機會（O）**：對企業營運（個人生涯）有幫助的外部環境因素（例：節能減碳的潮流與政府的補助措施，促使 LED 燈泡銷售明顯增加）。

❹ **威脅（T）**：對企業營運（個人生涯）構成阻礙的外部環境因素（例：油價上漲，導致新車銷售不佳）。

步驟 3

完成後的表格即可用於企業競爭策略（或個人生涯規畫）的整合分析。

SWOT 分析表基本模式

	有利點	不利點
內部環境	❶ 優勢（Strength）	❷ 劣勢（Weakness）
外部環境	❸ 機會（Opportunity）	❹ 威脅（Threat）

※「SWOT分析表」可至270頁查詢網址及掃描QRcode下載，以便自行複印、重複使用。

運用交叉原理做更深入分析

如果將以上的 SWOT 分析表，其「企業內部環境」改為「自我能力」，並轉換為自我能力分析的 S（優勢）＋ W（劣勢）層面，以及外部環境分析的 O（機會）＋ T（威脅）層面，運用矩陣思考的交叉原理結合在一起，就形成一張「SWOT 聯合分析矩陣」的表格，也就是 SWOT 分析表的進階版運用，分別有 O×S、T×S、O×W 與 T×W 的四個象限分析，如下圖所示。

在這四個象限，代表不論是在有利或不利的大環境之下，可以更加看清我們自己的優缺點，並盡量發揮自己的競爭優勢因素（S），以克服劣勢因素（W），善加運用外部機會因素（O），來化解威脅因素（T）。在此原則下，幫助我們決定為達成目標所要採取的因應做法。

「SWOT 聯合分析矩陣」通常是企業所運用的一套策略分析工具，它的流程較為複雜，如果要運用在個人的職場或創業上，似乎不太適用，但此處提出的是簡易版，讀者運用這個「內容比對分析法」，也能找出自己應採取的策略與做法。

SWOT 聯合分析矩陣概念模型

		自我能力分析	
		S（優勢）	W（劣勢）
外部環境分析	O（機會）	O×S	O×W
	T（威脅）	T×S	T×W

自由工作者 vs. 職場？審視自己的競爭優劣勢

　　林小魚在這間廣告公司也算元老了，從 2016 年入職到現在，已有六個年頭。一開始只是個小小的廣告投手，對廣告行銷一竅不通，但她十分上進、好學，做事也很負責任，就算客戶預算每月只有兩三萬，她也總是拼盡全力，替客戶從廣告上線前的規畫，到上線後的維護等，無不周全、仔細，且經她手操持的廣告品牌，收益多半都有穩定成長，讓客戶十分滿意。這幾年下來也為公司、和她個人累積出一定口碑，有不少品牌找上門，指名要她來幫忙操廣告，儼然是公司的招牌員工，自然，公司給她的福利與獎金也是相當優渥。

　　小魚客戶越來越多，一天至少要和三個不同客戶開會討論廣告成效、制訂廣告企劃，時常加班到半夜，假日也得幫客戶顧廣告，有時出門和好朋友喝個下午茶，還會聊到一半突然拿出電腦說：「不好意思，我先看一下廣告，10分鐘就好！」讓朋友覺得相當掃興。

　　最近這幾年，小魚漸漸開始覺得有些力不從心；也不是說對廣告投手的工作感到厭倦，只是越來越多的客戶，讓她的生活逐漸被工作霸佔，即使和公司反映調整工作量，以公司立場而言，他們能做的改善也有限，身為雇員的小魚也不好說些什麼。但她知道再這樣下去，她對這份工作的熱情總有一天會被消磨殆盡；不知道有什麼方法能讓自己保持對這份工作的熱情，同時又能平衡生活與工作呢？

　　小魚在這裡打拚的這些年，不只有豐富的廣告投放經驗，對各大廣告平台的操作十分上手，同時也累積了不少的人脈和資源；於是她開始在想，或許成為自由工作者，自行接案也是一個不錯的選擇。她知道有些同事在離開公司後，就靠接案餬口，日子也過得還不錯；她聯絡了其中幾位較為熟識的前輩，

詢問他們成為自由工作者後的生活與想法，但她不確定這種方式是否適合自己。

為了更清楚地了解其中利弊，小魚製作了一張 SWOT 分析表（參見 96 頁），想更有系統的審視自身優勢。她的分析流程如下：

· 將個人特質、能力填入「自我能力分析」的 S、W。
· 將自己對大環境的觀察、了解等資訊填入「外部環境分析」的 O、T。
· 從 SWOT 分析表中整體評估，釐清「待解決課題」。
· 進一步找出「解決對策」。

結果→小魚決定先以斜槓的方式，經營自身品牌力，並針對特定產業有一定了解後，再以「品牌廣告顧問」的定位切入市場。

TIPS

· 在填寫個人競爭力盤點的 SWOT 分析表時，當下的「態度」是關鍵。你一定要抱持一種使命感來進行分析，除了可以讓你更加認清自己，也是為了自己與家庭的幸福，以做好充分的準備，邁向人生中更大的一步。
· 下筆時要務實一點，勇於面對自己的缺點，並記錄下來，千萬不可誇大自己的優勢，美化或忽視自己的缺點與所處的不利情況，否則就會失去製作這張 SWOT 分析表的意義。
· 有時要先找一些資料做為佐證，尤其是在 O（機會）與 T（威脅）的部分，這些步驟不可或缺。

小魚成為自由工作者的 SWOT 分析表

	有利點	不利點
內部環境	**❶ 優勢（Strength）** ・對廣告行銷業有莫大熱誠 ・熟悉各大廣告平台操作 ・在業界擁有熟識人脈與資源 ・具備分析數據的能力，擅長將數據圖像化	**❷ 劣勢（Weakness）** ・以往工作多是做廣告投放，沒有整體品牌規畫的相關經驗 ・個人品牌知名度不夠，缺乏穩定客源 ・對特定類型產業的了解不夠深入，市場敏銳度稍嫌不足 ・缺乏企劃能力
外部環境	**❸ 機會（Opportunity）** ・數位游牧的生活方式逐漸盛行，只要有電腦和網路便可不受時間地點，自行規畫工作時間 ・數位顧問需求日增，品牌也需要更完善的整體行銷規畫 ・創業門檻低，電商品牌越來越多，對於廣告的需求也增多	**❹ 威脅（Threat）** ・同業競爭激烈，越來越多人轉行做數位行銷顧問 ・初期知名度較低，需投入一定成本為自己打廣告：但這時的收入也會較不穩定，需考慮能否收支平衡 ・景氣低迷，各行各業開始縮減支出，廣告成本更是首當其衝，此時進場更有可能面臨惡性削價競爭

待解決課題：
1. 如何提高個人品牌知名度？
2. 缺乏整體品牌規畫經驗

解決對策：
1. 經營自媒體（Instagram、FB等），提高自身品牌力
2. 以目前在公司服務的客戶為練習對象，嘗試提供從提案到執行的全面規畫

11

理清你的生活細節，
把更多時間留給自己

「樹狀圖」既深且廣的決策分析

在計畫開始前，先推導各項細節

　　思考周密嚴謹，是一門值得每個人自我訓練的功課。不管在工作上或個人生活事務上，才不會掛一漏萬，永遠做不好該做、想做的事。尤其像是買房子、創業、存退休金、學習語文，都需要長期規畫和執行，考量的深度和廣度都要夠。

　　而能幫助你深度思考，想到事情第5、第6層的好用工具，則非「樹狀圖」（tree diagram）莫屬。畫一張「樹狀圖」自由聯想、延伸思考，就能進一步找出待執行的具體事項。

　　樹狀圖起源於日本，原本屬於工業管理領域，是一種可將抽象的概念（主題／課題）具體化的圖解工具，也稱為「系統圖」（systematic diagram），是人們耳熟能詳、經常運用的圖形思考法之一。

運用樹狀圖的關鍵要領

1. 不要遺漏或重複：

注意在延伸展開時，必須符合 MECE（彼此獨立，互無遺漏）的分類原則，也就是項目（樹葉）間不要有遺漏或重複的現象。

2. 每層分枝以 2～5 個為宜：

樹狀圖不宜過於複雜，否則會模糊焦點。比較好的做法，是在主題下的第一層分枝，維持 2～3 個大項目，而後依此展開的每一層項目，都盡量維持在 2～5 個數量。因此，你必須事先經過思考演練、有所取捨、挑出重點，才能避免樹狀圖膨脹太快，又要從頭開始整理，浪費時間。

3. 自問 so what？與 why so？

完成樹狀圖、在檢查其合理性時，要隨時自問這兩個問題。

在從課題出發，開展每一層項目的時候，你必須自問 so what？（接下來會怎樣？接下來應該做什麼？）；而從終點（最後出現的項目）層層往上看的時候，就要自問 why so？（為什麼會如此？有什麼原因讓事情變成這樣？）運用這種方法反覆檢查其中的邏輯關聯性，會使其更合理、更符合現實。

不論是「展開策略」的計畫型樹狀圖（評估各種可能的方案）或是探討「內容（content）組成」的組織型樹狀圖（組織圖），都屬於樹狀圖的實際運用。

當然，你也可以依據邏輯思考與自身經驗，使用樹狀圖找出問題或事件發生的原因，並尋求解答，就不受上述兩種樹狀圖類型的限制。當你改善了最終找到的根本原因後，就會反過來向上產生影響，解決一開始的起點問題。

如果能融會貫通、舉一反三，你可能會聯想到，樹狀圖其實就是寫作時，

建立文章架構與脈絡的「金字塔結構法」（pyramid structure）中，從結論出發、往下延伸的「分類」（grouping）原則的概念。

動手畫「樹狀圖」

填寫說明：

步驟 1

　　設定起點的❶「主題／課題」（參見 100 頁），或要探討某件事的原因。

　　例如：「在物價全面上漲的情況下，對家庭收支實施開源節流的方法」。

步驟 2

　　讓主題／課題位在頁面最上方或最左邊，而後朝❷下方或右方展開。

步驟 3

　　依邏輯結構排列項目，並以線條連結每個項目，最後，抵達❸最下方或最右方的終點，就是一群排列好的最終項目。如 100 頁最右方的項目 A1 到 B2，就是解決課題的基本項目。

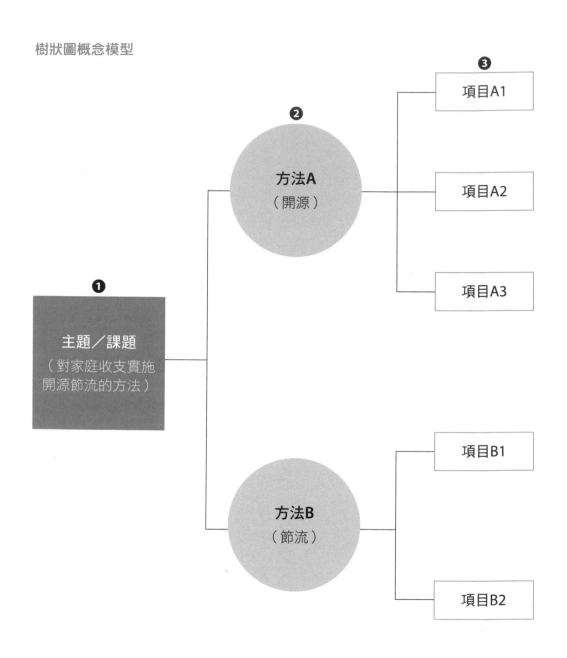

※「樹狀圖」可至270頁查詢網址及掃描QRcode下載,以便自行複印、重複使用。

從關鍵著手找方案的「決策樹」 ━━━━

「決策樹」（decision tree）的圖形和樹狀圖長得十分類似，能將各種可以更換的方案、可能出現的狀態、可行性大小與產生的後果等，也就是決策過程中每個階段之間的結構，繪製在一張圖上，以便計算、研究與分析。透過邏輯性的分析，可以幫助管理者將寶貴時間花在判斷與決策上，而不用花時間去理解中間的過程。

決策樹具有三大要素：

- **內部節點（node）**：通常不只一個，需運用情境分析的技巧，設計所有可能的組合，代表對結果具有關鍵性影響的事件項目（變數）。
- **分枝線（branch）**：代表所要走的路徑。
- **樹葉節點（leaf）**：表示內部節點的分析結果。

此外，決策樹還可分為「數據型」與「非數據型」兩大類。

數據型決策樹

數據型決策樹原是運用複雜的演算法，算出每個事件的期望值，或是從現有的數據資料庫中，找出最關鍵的變數，再將這些變數排列組合成決策樹，從中選擇最佳的結果作為決策，屬於一套量化分析的決策工具，通常運用在市場分析，或是確認工廠生產能力的方案上。

數據型決策樹的每條分枝線上，都有數字資料，數字可能是＜1、表示機率的數字（如：0.26、0.82），而同一節點衍生的所有分枝線的**機率總和 =1（100%）**。

也可以直接用百分比來表示。例如：從「串流平台戲劇類節目收視習慣調查」（參見 106 頁）的統計結果中，得知產品使用者的性別比率，

還有不同性別在各個年齡層（如：30～37歲、38～45歲）的使用比率。

依據調查結果，可以畫成「訂戶數樣貌決策樹圖」。串流平台再依據這張訂戶數樣貌的決策樹來尋找或投資製作不同類型的戲劇節目。

非數據型決策樹

非數據型決策樹又可分為兩類，一類是分枝線上具有 Yes 與 No 的提示性說明，判別所要選擇的路徑，以抵達目的地（樹葉節點）。例如：「桌上型電腦故障排除指示圖」，其中就有許多需要做判別（Yes or No）的節點，再一層一層前進，最後所抵達的終點（樹葉節點）就是電腦故障的原因與排除方法。

另一類的非數據型決策樹，分枝線旁沒有任何資料標記，僅顯示分枝的概念，最後樹葉節點顯示的是解決方案或產品／服務的選項，有時會有一堆密密麻麻的資料呈現在上面，代表你要從中選出一個合乎自己需求的最佳選項。

動手畫「決策樹」

填寫說明：

步驟 1

先設定「主題」，釐清會影響結果的「內部節點」（關鍵變數）。

步驟 2

從內部節點再延伸，中間以分枝線連結；針對數據型決策樹，則需在每條分枝線上標示表示機率的數字資料。

步驟 3

　　最後找到「樹葉節點」，即獲得分析結果。

數據型決策樹的概念模型

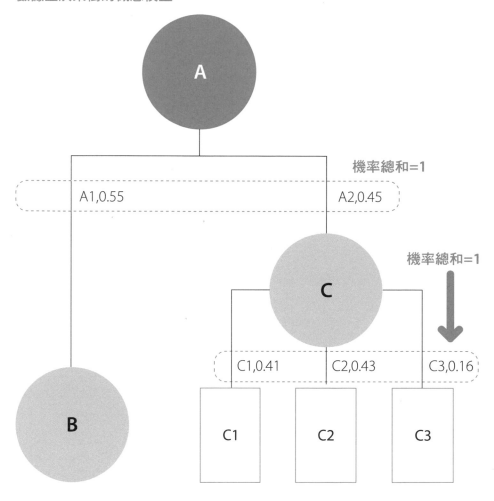

機率總和=1

A1,0.55　　　　　　　A2,0.45

機率總和=1

C1,0.41　　C2,0.43　　C3,0.16

※「決策樹」可至270頁查詢網址及掃描QRcode下載，以便自行複印、重複使用。

擬定提升英文能力的方法

　　曾先生目前 40 歲，在台北一間跨國外商公司擔任高階主管，平時因業務關係，一天要看好幾份英文報表，與外國同事交談也難不倒他。他的英文能有今天的水準，不是靠天分，而是靠努力得來。

　　其實，曾先生學生時代的英文成績很不好，更因此害怕英文而逃避學習，直到大學時期認識外國交換學生亨利，受到他的影響，才慢慢破除對英文的恐懼，也從練習中產生興趣。

　　在學習英文的過程中，曾先生試著畫出一張學習英文的樹狀圖，從他完成的樹狀圖（參見右圖）顯示，學英文的重點在於，要先從「聽」與「讀」入手，有了好的聽力，自然就會有「說」的能力；而「讀」可與「寫」結合，讓自己的英文字彙增加。只要持之以恆，英文力就會不斷提升。

學習英文樹狀圖

輕鬆無負擔
學習英文

讓自己沉浸
在類似英語系
國家的環境中
學英文

讀
（記單字）

英文書

英文文章
（雜誌或
網路）

與外國網友
線上聊天

聽
（基本功）

說
（口語能力）

找外國人
學習

（可在網路上
搜尋「語言交換」）

不要害怕
說錯或發
音不好

（心理建設）

- 先學會單字的正確
發音（大聲朗讀）
→邊寫邊念→記住
單字→字彙增加

- 先讀完原文→從上
下文的意思→猜單
字意思

重要守則：
長期持之以恆

電視
新聞

廣播

網路

看電影

聽音樂

CNN

BBC

Podcast

ICRT

英文
網站

影音串
流平台

學習口
語英文

外國風
土民情

串流平台戲劇類節目收視習慣調查

　　90 年代後半，隨著網際網路越來越發達，行動裝置也越來越普及，不只改變了人們的生活方式，收視習慣也與以往有著革命性的不同；從被動接收電視台在固定時間才能看到的特定影視內容，到如今由使用者主導，隨選隨看的串流平台崛起，建構起龐大的影視生態系，不管是傳統電視業者、娛樂大亨還是電信商，都開始經營自己的影音平台，使用者也有更多更自由的觀看選擇。

　　近幾年的影音串流競爭越來越白熱化，各家平台紛紛祭出更優惠的訂閱方案，與更優質的影音內容。在這個領域深耕多年的領頭羊 A 串流平台，在強敵環伺的情形下，也不得不面對訂戶數下降、削價競爭、廣告市場惡化等事實。而使用者在乎的，除了付費方案是否經濟實惠外，無非就是平台提供的內容吸不吸引人。付費方案因考量成本，各家的差異不會太大，A 串流平台認為應將重心擺在內容的優化上。

　　A 串流平台提供的節目內容相當多元，電影、戲劇、動畫、實境秀、科普內容等，應有盡有。其中，他們發現，戲劇類節目的觀看率最高，因此決定重點發展該類型的節目內容。他們先從訂閱使用者中，撈出訂戶數最多的年齡層，為 30 到 45 歲之間；再將戲劇類節目分為日劇、韓劇、西洋劇、台劇等，並針對這個年齡層的訂戶設計了一份問卷調查。根據這份「30 到 45 歲間的使用者喜歡收看的戲劇類節目」問卷調查結果，製作了 108 頁這張以百分比表示的數據型決策樹，從中發現：

- 30 ～ 45 歲的訂戶當中，以女性佔大多數女性訂戶最喜歡收看的戲劇類節目為「韓劇」，其次為「日劇」。
- 女性訂戶最喜歡收看的戲劇類節目為「韓劇」，其次為「日劇」。

- 男性訂戶最喜歡收看的戲劇類節目為「西洋劇」，其次為「韓劇」
- 整體而言，觀看率佔比最低的戲劇類型為「台劇」。

結果→由此分析可見，在訂戶數最多的 30 ～ 45 歲用戶當中，以女性佔大多數，而且都比較喜歡看韓劇；男性用戶觀看佔比最高雖是西洋劇，但韓劇佔比也不低。A 串流平台可優先尋找製作品質佳的韓劇，或投資製作，取得獨家播放權，以鞏固最大訂戶數而言，這會是可行的思考方向。

影音串流平台訂戶收視差異分析決策樹

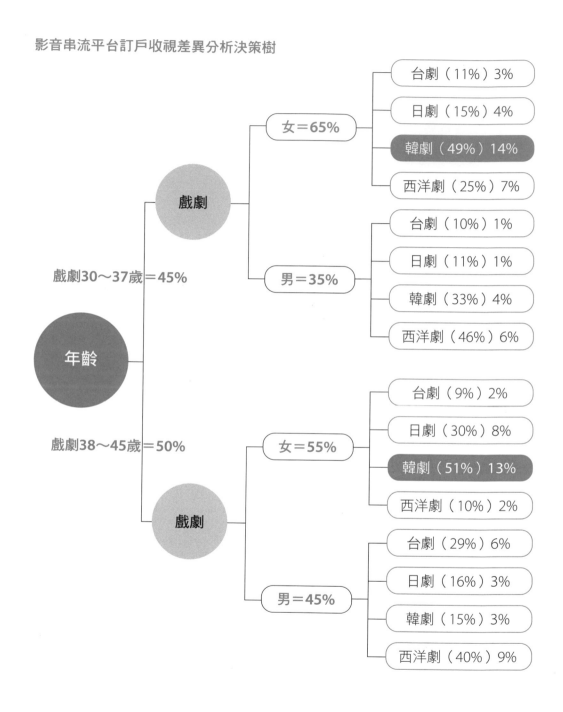

		台劇（11%）3%
	女＝65%	日劇（15%）4%
		韓劇（49%）14%
		西洋劇（25%）7%
戲劇		
		台劇（10%）1%
	男＝35%	日劇（11%）1%
		韓劇（33%）4%
		西洋劇（46%）6%

戲劇30～37歲＝45%

年齡

戲劇38～45歲＝50%

		台劇（9%）2%
	女＝55%	日劇（30%）8%
		韓劇（51%）13%
		西洋劇（10%）2%
戲劇		
		台劇（29%）6%
	男＝45%	日劇（16%）3%
		韓劇（15%）3%
		西洋劇（40%）9%

找到符合需求的電腦

　　何同學目前就讀大學三年級，因為沒有自己的電腦，有時要查找資料或繳交作業頗不方便，因此想用打工存下來的一筆錢來買電腦。

　　然而，市面上的產品五花八門，規格、功能與價位的差異很大，除了一般的桌機和筆電外，還有可觸控的變形平板電腦與 AIO（All In One）桌上型電腦產品可供選購，變形平板電腦還可分為「滑蓋式」、「360 度翻轉式」與「螢幕鍵盤分離式」三類，如果不先研究、做功課，還真不知從何下手。

　　何同學靈機一動，想到可以運用課堂上學到的決策樹概念，來設計一張關於電腦產品購買的非數據型決策樹。

　　首先，他認為第一層節點應先依作業系統加以分類。因為對他而言，如果先以價位分類，如何設計價格區間也是一個難題，而且先用價格分類，會讓決策樹圖喪失想像力。此外，他決定將品牌、型號與價格放在最後面，做為樹葉節點。第一層的作業系統設定好後，再循所搭載的功能與硬體平台前進，就可以找到合乎自己需求的電腦（參見 110 頁）。

　　當然，這張圖還可以再向右繼續延伸，將每種平台下的電腦品牌、型號與價格一一標示出來，成為樹葉節點。如此一來，這張圖就會成為非常實用的「電腦選購指南」。

電腦產品購買決策樹

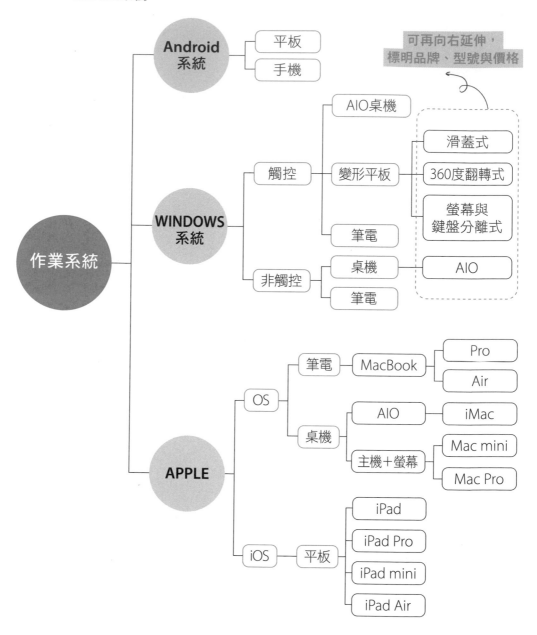

可再向右延伸，
標明品牌、型號與價格

作業系統
- Android 系統
  - 平板
  - 手機
- WINDOWS 系統
  - 觸控
    - AIO桌機
    - 變形平板
      - 滑蓋式
      - 360度翻轉式
      - 螢幕與鍵盤分離式
    - 筆電
  - 非觸控
    - 桌機
      - AIO
    - 筆電
- APPLE
  - OS
    - 筆電
      - MacBook
        - Pro
        - Air
    - 桌機
      - AIO
        - iMac
      - 主機＋螢幕
        - Mac mini
        - Mac Pro
  - iOS
    - 平板
      - iPad
      - iPad Pro
      - iPad mini
      - iPad Air

12

翻轉傳統思考模式，激勵自我持續行動

「黃金圈法則」運用於人生的方方面面

動機夠強大，就能贏在起跑點

1903 年萊特兄弟發明飛機，締造人類歷史上首次飛行紀錄。但其實同一時間也有人試圖想讓人類飛上天——他是山謬・蘭利（Samuel Pierpont Langley）。相較萊特兄弟，蘭利擁有更雄厚的資金、更龐大的人脈，但最後成功的卻不是他。為什麼？黃金圈法則（The Golden Circle）能提供最佳說明。

黃金圈法則是知名作家賽門・西奈克（Simon Sinek）2009 年在 TED 演說中發表的理論，主要由三個同心圓組成，**由外而內是 What（什麼）、How（如何）以及 Why（為何）。**

西奈克說明，一般人的思考模式是由外而內。例如電腦公司行銷新產品，最常見的方式是「我們做了一台不錯的電腦（What），這些電腦外型美觀又

好用（How），你想買一台嗎」？黃金圈法則的思考模式卻完全相反，是以圓心為起點，先說明 Why：「我們以不同的方式思考，挑戰現狀」，接著向外擴展，提出 How：「因此，我們做出了這台兼具外型與創新的電腦」，最後才上架商品 What：「你對這台電腦有興趣嗎？」

這樣的思考方式，其實正是蘋果、特斯拉以及串流音樂龍頭 Spotify 等知名企業成功的關鍵。

以 Spotify 為例，它的企業使命是「釋放人類創造力的潛能」。它不向顧客推銷歌曲或專輯，而是媒合藝術家與聽眾，既讓藝術家獲得舞台，又讓數十億粉絲得以享受音樂。就像死忠蘋果粉絲會排隊六小時購買新機一樣，他們買的是「我是第一」的感受，Spotify 使用者在享受音樂的同時，感受到的是自己正直接以行動支持歌曲創作者，而這種締造雙贏的體驗，正是 Spotify 能持續鼓勵使用者加入他們行列的重要原因。

回歸到個人層面，黃金圈法則能為你的人生帶來什麼助益？答案是：所有一切！黃金圈幾乎能運用在所有地方，從產品行銷、企業願景、職涯規畫，甚至是跑馬拉松、存錢等大大小小願望，全都適用。

因為，黃金圈法則讓你傾聽內心的聲音，時時刻刻提醒自己專注在目標，知道為何而做，如此才能在關鍵時刻做出正確選擇，也能讓你在追求夢想的過程中即使遭遇挫折、跌倒，還是能倚靠強大的動機再站起來。

讓我們再回頭檢視山謬・蘭利的故事。與萊特兄弟一起競逐飛行夢想的蘭利滿手好牌，唯一不同之處在於他缺乏萊特兄弟改變世界的動機。蘭利想要的是成功，但他追求的是結果，不是動機。

我們總是忙於思考「做什麼」以及「如何做」，卻忽略了問自己「為什麼」，但「重要的不是你做什麼，而是你為什麼而做！」強大的動機才是激勵自我持續向前邁進的成功關鍵。

動手畫「黃金圈」

填寫說明：

步驟 1

    設定好想執行的主題，例如：「存錢」。

步驟 2

    設定好主題後，問自己為什麼想要完成這件事，答案可以是一個目的、使命或是信念，例如「我想要財務自由」，或是「我想擁有更多時間做自己喜歡的事」。反覆詢問自己，直到確認你的動機夠強烈。接著將答案填入❶「Why：為什麼」（參見 114 頁），即為什麼你要做這件事。

步驟 3

    明確的理念能引導我們窮盡所有資源找出實踐目標的方法，這時就能一步步寫出操作方式，將信念轉換為具體、有形的步驟。例如「每月定期定額投資一萬元」，或「開始記帳」。接著，在❷填入完成此事的方法與步驟，也就是「How：怎麼做」（參見 114 頁），即實現目標的方式。

步驟 **4**

　　有了目標與步驟之後，接著按照計畫實踐，自然就能看到成果，例如「三年內存到第一桶金」，這就是可以填入❸「What：做什麼」的內容，即最後產出的成果、現象。

黃金圈基本模式

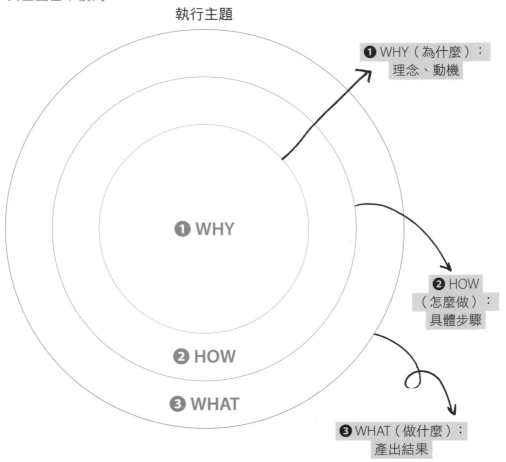

執行主題

❶ WHY（為什麼）：
理念、動機

❷ HOW
（怎麼做）：
具體步驟

❶ WHY

❷ HOW

❸ WHAT

❸ WHAT（做什麼）：
產出結果

※「黃金圈」可至270頁查詢網址及掃描QRcode下載，以便自行複印、重複使用。

每天運動 30 分鐘不是夢

就像所有人一樣，每年新年，王先生總期許自己要每天運動 30 分鐘。一開始他充滿熱情，不但加入健身房，還買了一款運動錶，每天記錄運動歷程、運動時間、卡路里消耗量，他覺得超有成就感。

不過也像所有人一樣，這個新年希望總是維持不了多久。大約一個月後，王先生的運動頻率開始下滑，各種拖延的理由也紛紛出籠，天氣太冷、下雨無法出門，或是今天開會開太晚。再過一個月，王先生的運動錶就被擱在櫃子上長灰塵，不管運動錶的鬧鈴再怎麼提醒他起來動一動，他總是只看一眼就把鬧鈴按掉，心想：明天再說吧！

美國一家健身房經理曾說，一月是健身房整年度業績最好的月份，但這種盛況維持不了多久，大約幾週後，你就再也看不見某些會員了。

大家都知道運動是好事，但為什麼這個習慣這麼難維持？原因在於我們追求的往往是結果，不是動機。每天運動 30 分鐘、參加馬拉松賽事，這些都是結果（What），但如果不先確立明確的動機（Why），那麼我們的幹勁只是被情緒所激發出的暫時性行為，這就是「新年新希望」為什麼那麼容易失敗的原因。

因此思考過後，王先生決定借助黃金圈法則來強化自己運動的動機。

- **❶思考自己為何運動（Why）：**
  維持健康的身體絕對是合理的想法，但原因呢？其實是為了家人。王先生是家中的經濟支柱，他想再奮鬥幾十年，支援孩子出國留學的美夢。因此在黃金圈的 Why 部分，他填下「讓家人幸福」這句話。

- **❷怎麼做（How）：**
  王先生檢視自己偷懶的理由，為每種拖延的藉口都找好備案，並寫下詳細的執行步驟。為了省錢，他決定以跑步做為主要運動項目。若是下雨，就改在家中使用健身器材重訓，這樣也可避免天氣太冷不想出門等藉口。王先生還透過他的運動錶加入線上社群，打算以同儕的力量激勵自己運動。另外，王先生也不拘泥於一次要運動 30 分鐘這項規則，而是改為每日「累積」運動量達 30 分鐘即可。畢竟工作忙碌，有時真的抽不出一段時間運動。

- **❸要做什麼（What）：**
  其實就是王先生在確立動機、步驟之後產出的結果。現在王先生不但每天規律運動，也在社群好友的激勵之下，報名參加人生中第一場半馬路跑。

因為黃金圈，王先生清楚了解自己運動的終極目標在於使家人幸福，每當他又想偷懶找藉口不去運動時，抬頭看見家人，他就可以再次確認自己做這件事究竟是為了什麼，激勵自己動起來。「重要的不是你做什麼，而是你為什麼而做！」為了使家人幸福而運動，才是讓王先生能持之以恆的關鍵。

王先生的運動黃金圈

執行主題：健康

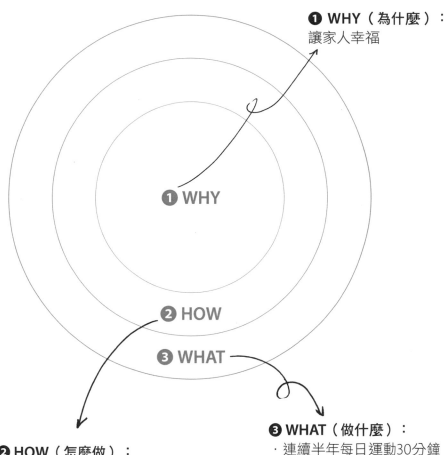

❶ **WHY（為什麼）：**
讓家人幸福

❷ **HOW（怎麼做）：**
· 每天到台大操場慢跑10圈
· 雨天備案：在家重訓30分鐘
· 上傳每日運動報告至社群
· 每週達成運動目標，可獲得小獎勵；
　體檢表紅字數量變少，可獲得大獎勵

❸ **WHAT（做什麼）：**
· 連續半年每日運動30分鐘
· 參加年底半馬路跑活動

三

專案管理篇

不只工作，
你也是人生的專案經理

七張圖表，讓生活有更多喘息空間！

- **心智圖**：動手畫圖吧！讓混亂的一切化繁為簡
- **魚骨圖**：從心整裝出發！描繪出你的精彩人生
- **九宮格**：讓四條線幫助你解決苦惱許久的問題
- **流程圖**：按步就班的行程表安排，帶你上天堂
- **甘特圖**：掌握好自己的生活，事事都不會漏勾
- **PDCA循環法則**：用筆記檢視自我承諾
- **康乃爾筆記法**：學霸都愛用的聰明思考整理術

13

生活中找尋可能的創意，
展開想像力的日常

「心智圖」整理思路好用有趣又好記

畫下來，一張 A4 就看清完整思路

　　相較於文件、筆記本一行行文字的特性，有向四面八方延展彈性的圖像，反而更接近人類大腦豐富多元的思考樣貌。面對寫企劃或新專案的創意發想、參與會議或上課吸收新知筆記，或是整頓繁雜的工作與生活事務、釐清自己在工作或生活上遇到的疑慮事件……，遇到這些讓大腦迴路錯綜複雜的狀況，其實，都可以透過畫張圖，來捕捉飄過的思緒。

　　如果是條列式的文字，很容易引導人往線性思考，不知不覺腦袋就打結，對促進思考、解決問題沒幫助，而畫一張能將所有想法都攤開來的「心智圖」，不僅比寫下文字更快速，要與工作夥伴或家人朋友溝通時，也會更明確有效、容易整理切割，更好看出問題、得到結論。

站在中心點思考，就能透視全局

　　身兼多職的薛良凱，便是使用心智圖，將會議紀錄變成好看的漫畫。多數人的會議紀錄都採條列式文字，一行行往下走，而心智圖法則是以主題為中心，將所有會議內容像樹的枝幹般，從中心向四面八方開枝散葉，一目了然。

　　在經由思考轉化的過程，將接受的訊息「畫出來」，即便多年後再回頭看這幅心智圖，當時的景象或討論的內容，馬上就會像電影畫面般，重新播放一次。

薛良凱做會議紀錄的心智圖

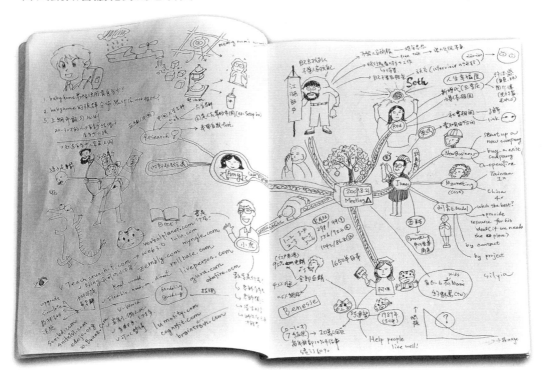

記下發散的思緒，再以圖像溝通組織

「心智圖」的創始者是英國一位心理學家——專研人類心智的東尼 · 博贊（Tony Buzan）在 1974 年所開發的一種創意導向思考法。他在所寫的《心智圖聖經》（*The Mind Map Book*）一書中，詳細闡述了他的理念與心智圖的繪製方法，是當年十分暢銷的書籍。

一眼看去，**心智圖很像一隻八爪章魚伸長了觸手，占滿了整個頁面空間（參見 125 頁），這是一種「發散型思考」（divergent thinking）的視覺化分析工具，也是一種「圖像閱讀法」（photoreading），是設計師或創意人員常使用的一種聯想與溝通上的思考工具。**

心智圖的原理，在於充分運用各種有助於記憶與聯想的視覺元素，例如：數字、圖形、顏色、空間認知等，幫助我們更有效地思考與學習事物，形成一張豐富、具趣味性的圖像指南，也讓看過的人留下深刻印象。

此外，心智圖具有彈性、可再持續經營累積的特性。舉例來說，隨著時間過去，有些問題會消失、有些問題則會放大，甚至新的問題也會持續產生，這時就能運用先前畫的圖，再繼續調整變化。

心智圖的特點

心智圖有兩個組成要素：內含文字的「圖框」，以及延伸分枝的「線條」；有時還會加上相關的插圖、照片、手繪圖形等不同的「圖像」，強化聯想與記憶力。

心智圖是由中央的主題區開始進行聯想，沒有任何思考上的限制，也不須遵守前文所說的 MECE（彼此獨立，互無遺漏）的分類規則，想到什麼，就依序拉出分枝線記錄下來。

繪製心智圖可以運用現成的心智圖繪圖軟體，或是把自己當成畫家，運用

各種繪畫工具，例如蠟筆、色筆、鋼珠筆、原子筆、螢光筆等，以手工繪製一幅帶有自我獨特風格的心智圖。由於圖像與色彩將增加趣味性與層次感，可激發人們更多聯想與靈感，這是手工繪圖的好處。

許多人有個疑惑：**心智圖與樹狀圖是不是同一件事？**

其實，這兩者都屬於一種層級式的分枝結構，如果你將心智圖中的章魚頭（主題區）拉至最高處，再將延伸彎曲的觸手拉直─樹狀圖就出現了！但不同的是，樹狀圖必須符合 MECE 的分類原則，而心智圖為了聯想的方便性則無此限制。

此外，兩者的使用目的與對象也不同，**心智圖較適合用於自由不受拘束的發散思維，因此較適合用於發揮創意**，而非樹狀圖的邏輯思考。試想，如果硬要某位創意人員以樹狀圖進行聯想，並符合 MECE 的分類原則，想必他一定很頭大。

由於心智圖可以將知識與智慧的結晶，以視覺化與結構化呈現，能夠大幅提升個人的感受力與理解力，所以在商業界的特定領域有些許應用，也有個人或學生在升學、考試、補習、考公職時，用來做上課筆記與讀書報告。

動手畫「心智圖」

填寫說明：

步驟 1

　　首先，在一張 A4 或 A3 的紙張或電腦畫面上，將所要聯想的「主題」（central image）放在中央，主題可能是課題、概念、主張或解決對策等。旁邊可再拉出一個說明文字圖框，或相關插圖、照片，來激發更多想像力。

步驟 2

　　接著就是從中央的主題區進行聯想，畫出與主題連接的「主幹」（main branch）線條，這是心智圖中最粗的線條。

步驟 3

　　再從主幹延伸出線條較細的「枝幹」（sub branch），依此類推，不同的分枝線條可塗上不同的顏色，強化視覺效果。至於聯想出的東西，可能是文字，也可能是圖像式的插圖。

步驟 4

　　最後，將具有相關性的項目，用箭頭、線條或圈圈連接起來，就完成一幅呈放射狀圖像的心智圖，可看出整體結構與細節（項目）之間的關聯性。

東尼・博贊的心智圖模型

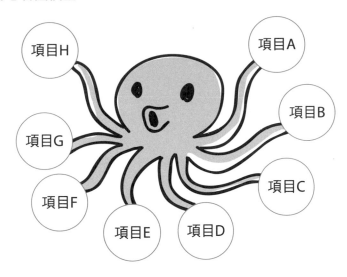

項目H
項目A
項目G
項目B
項目F
項目C
項目E
項目D

※「心智圖」可至270頁查詢網址及掃描QRcode下載，以便自行複印、重複使用。

　　「心智圖」是屬於「發散型思考」的一種，它是從一個課題、問題或關鍵字出發，構思事實或想法，做創意的發想與擴展的思考方法，可同時用亞里斯多德的「對比」、「接近」與「類比」三種聯想法則擴大聯想。

　　與發散型思考相對的是「收斂型思考」（convergent thinking），它是「集中」與「歸類」的概念，可做為獨立的思考方法，或是將發散型思考所產生的各種創意與方案，找出彼此的關聯性，進行整理與分類，從中找出一種可以連貫的概念；所有的思考方法，都會先經歷發散（輻射出去）再收斂（收縮回來，回頭評估）的過程。

預約未來的家，就從存好頭期款開始

　　王小美是典型的北漂族，因長年租屋感到沒有歸屬感，加上不知道房東何時會將房子收回或漲房租，萌生了買房的念頭。她希望能在五到六年內存到買房的頭期款，首先評估身上的存款，若扣除緊急儲備金，大約還有 50 幾萬的存款，而目前的工作，每個月的薪水大概有五萬左右，扣掉房租、水電費、交通、飲食等固定開銷，剩下能動用的金額也不多，若想在六年內達成目標，她每個月至少得存到一萬元。但以往沒有做過理財規畫，也沒有儲蓄習慣，小美在網路上搜尋「如何存到第一桶金」，方法五花八門，但大多離不開四個字：開源節流。

　　她想到上次在公司內訓課程中學到的「心智圖」，先決定中心主題（存到買房頭期款），再分成「開源」與「節流」兩大主幹，然後將查到的方法分別歸類，像枝葉一樣發散出去，例如，「節流」的部分她想到可以利用 APP 軟體記帳，找出自己的花費習慣，並從中找出可以優化的地方；也可以利用銀行定存，替自己存到一筆本金和利息，其他還有多利用大眾運輸，少騎車省油錢，要找資料或看書可到圖書館等公共資源，平常也可多注意商家優惠訊息，並多利用會員點數或回饋方案等；「開源」的部分則可以學習新技能，提升主動收入，同時，小美想到自己平常很喜歡做甜點，過去自己作蛋糕幫朋友慶生也大獲好評，因而考慮去考烘焙證照，並架設網站作客製蛋糕，開啟副業斜槓；也規畫要撥一筆錢出來投資基金、股票等等，提高自己的被動收入。

　　小美看著自己繪製出來的心智圖（參見右圖），開始覺得目標似乎沒有想像中遙不可及，希望自己可以依照這套方法，來幫助她達成開源節流的目的，早日存到頭期款，擁有一個自己的家！

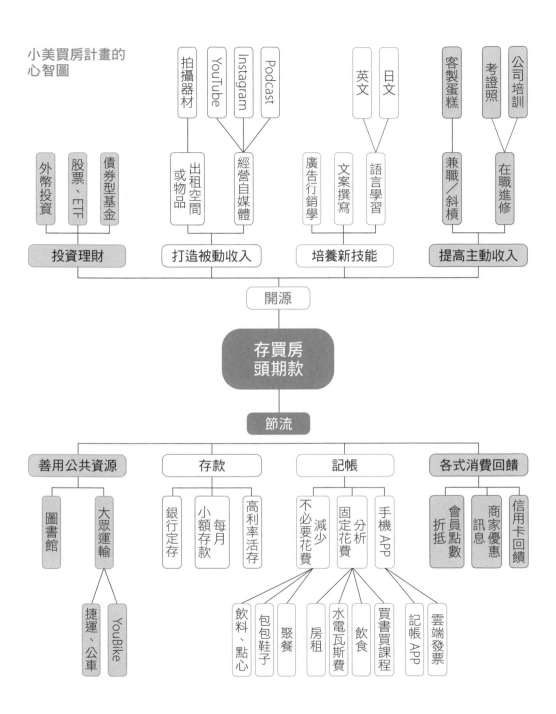

小美買房計畫的
心智圖

開源

投資理財
- 外幣投資
- 股票、ETF
- 債券型基金

打造被動收入
- 出租空間或物品
- 經營自媒體
  - 拍攝器材
  - YouTube
  - Instagram
  - Podcast

培養新技能
- 廣告行銷學
- 文案撰寫
- 語言學習
  - 英文
  - 日文

提高主動收入
- 兼職／斜槓
  - 客製蛋糕
- 在職進修
  - 考證照
  - 公司培訓

存買房頭期款

節流

善用公共資源
- 圖書館
- 大眾運輸
  - 捷運、公車
  - YouBike

存款
- 銀行定存
- 每月小額存款
- 高利率活存

記帳
- 減少不必要花費
  - 飲料、點心
  - 包包鞋子
  - 聚餐
- 分析固定花費
  - 房租
  - 水電瓦斯費
  - 飲食
  - 買書買課程
- 手機APP
  - 記帳APP
  - 雲端發票

各式消費回饋
- 會員點數折抵
- 商家優惠訊息
- 信用卡回饋

14

突破困境，抓出問題根源

「魚骨圖」由巨而細深入挖掘痛點

以結構化思考流程來分析問題

　　產業環境的變化速度越來越快，不僅是公司行號在大環境變遷之際，會察覺陷入困局，工作者也可能在自己的職務上感到左支右絀，卻無法確定真正的原因；即使是個人生活方面，也可能遇到家庭經濟窘迫、家人關係衝突，或孩子教育問題……，由於這些往往牽涉層面甚廣，使問題複雜得像一團毛線球，讓人無法理性分析。

　　然而，這些讓人陷入天人交戰、心煩意亂，甚或有理說不清的難解習題，越逃避就越棘手，若能善用有助於理性分析的工具，就能幫自己層層深入檢視、抽絲剝繭，進而找出問題癥結、尋求解決對策，將原本看似沒有解答的疑問，順利化解或達成目標。

運用工具，鍛鍊邏輯思考力

事實上，分析問題的能力可以透過訓練而習得，「魚骨圖」（Fishbone Diagram）就是一個隨手畫就能開始的促進邏輯思考練習技巧。

魚骨圖其實有許多不同的稱呼。由於該圖是在 1950 年代，由日本東京大學教授，也是品管大師的石川薰，在川崎重工船廠創建質量管理過程時，發展出來作為改善工廠品質管制的分析工具，因此也被稱為「石川圖」（Ishikawa Diagram），由於該圖形狀類似魚骨側視圖，又稱為「魚骨圖」。

魚骨圖以**魚頭表示某一特定結果（或問題）**，而組成魚身的大骨，即是**造成此結果的主要原因**，因此也稱作「特性要因圖」或稱「因果圖」（Cause-and-Effect Diagram），是一個簡單呈現結果與成因的圖形表示法，提供解決問題的思考流程。

透過魚骨圖可以幫助企業管理者，逆向分析各部門的問題，是一種由結果反推各個缺失因素，或是產品製程缺陷的工具。所以，**簡單來說，魚骨圖就是「問題解決的思考流程」**。

6M、8P、4S 的魚骨圖

在企業管理領域，通常利用魚骨圖分析問題成因的架構，會因行業不同，而有不同的原因整理分類。例如，製造業常見的主要原因分類會從「6M」著手，包括：機器設備（Machine）、方法（Method）、物料（Materials）、檢測（Measurement）、人（Man）與環境（Mother Nature 或 Environment，編按：又有一稱為 5M1E）。

若運用在行政管理或服務業類別，則常以「8P」或「4S」來分類。所謂的 8P 為：價格（Price）、促銷（Promotion）、人事（People）、過程（Processes）、地點（Place/Plant）、策略（Policies）、製程（Procedures）和商品（Product）。至於 4S 則為環境（Surroundings）、供應者（Suppliers）、系統（Systems）和技能（Skills）。

動手畫「魚骨圖」

填寫說明：

步驟 1

首先，在❶魚頭寫下某一特定結果或問題。

步驟 2

在魚身的❷大骨處，寫下造成此結果的主要原因。

步驟 3

再到各大骨（主要原因）下，以❸中骨解析次要原因，並以❹小骨分析該中骨下的次次要原因。完成後，即為一幅完整分析問題原因的魚骨圖。

繪製魚骨圖的步驟

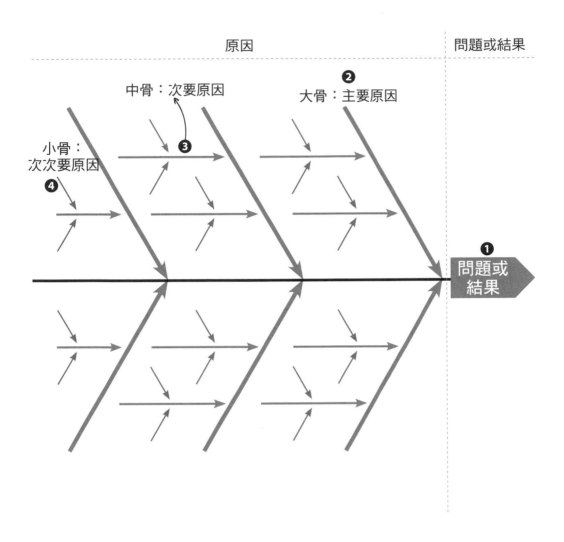

※「魚骨圖」可至270頁查詢網址及掃描QRcode下載，以便自行複印、重複使用。

找方法對策的——反魚骨圖

其實，魚骨圖的魚頭方向，並不是隨便畫的，魚頭在左邊或右邊，代表不同的意義。因此，既然有魚骨圖，也就有「反魚骨圖」（Reverse Fishbone Diagram）。

一般而言，魚骨圖的魚頭是朝右，而反魚骨圖的魚頭則朝左。

反魚骨圖代表❶解決問題的步驟和方法，❷大骨為主要解決方法，❸中骨則為次要解決方法（子方法），❹小骨就是更次要的解決方法（孫方法）。

當使用魚骨圖找到問題根源時，即可反向溯源（原因）破解問題，達到解決問題的目的。

反魚骨圖

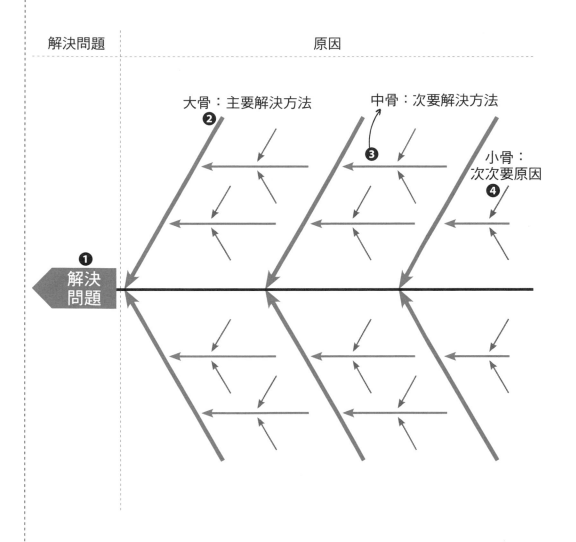

解決問題　　　　　　　　　　　　　原因

大骨：主要解決方法　　中骨：次要解決方法

小骨：
次次要原因

❶ 解決
問題

❷

❸

❹

※「反魚骨圖」可至270頁查詢網址及掃描QRcode下載，以便自行複印、重複使用。

用魚骨圖找出為什麼會變成月光族的原因

近年來物價不斷上漲，薪水卻凍漲，許多人也因為各種額外支出，而成為所謂的「月光族」。大家直覺以為，會成為月光族，主要是因為薪水太少，存不到錢，事實上，就算賺得很多，沒有做好妥善的理財規畫，也是有可能會成為月光族。

今年 30 歲的志明，在著名的軟體公司擔任軟體開發工程師，月薪 7 萬 5，年薪百萬，卻還是開心地當月光族；偶然得知跟自己同齡的朋友，月收入比他低，卻已經有近 50 萬的存款，讓他相當吃驚，因為一直在高薪環境工作，就隨便亂花錢，直呼自己這樣真的很不應該。

志明大概算了一下，他沒有房貸，住的也是親戚給的小公寓套房，因此沒有房租壓力，但每個月要繳車貸，以及一些固定支出，花費也大概在 4 萬左右。剩下的 3 萬 5，他每天在外用餐，而且都會喝飲料，餐費大概在 8,000 元左右，還有油錢約 4,000、菸錢 1,200、電信費 1,000，健身房會費 2,000 多，平常偶爾會和朋友去聚餐、喝酒，每月剩下應該還有 1 萬多，卻依舊沒有存款，因為完全沒有記帳習慣，「錢完全不知道都花到哪裡去了」，讓他覺得自己再這樣下去真的不行，於是，他試著用魚骨圖（參見 136 頁）來找出原因，審視自己的花費問題到底出在哪。

志明先找出大骨（主要原因），發現他的花費主要有幾個盲點：

1. 沒有做理財規畫
2. 無法控制消費慾望
3. 沒有儲蓄的習慣
4. 不必要的花費高

歸納出大骨後，再把中骨，也就是跟主要原因有關的次要原因列出來，例如在主要原因「沒有儲蓄的習慣」之中，「高薪錯覺」、「先享樂心態」就是次要原因，就像魚刺裡的中骨。至於在「先享樂心態」的中骨之下，因為志明習慣用信用卡消費，出外聚餐、叫外送也都習慣綁定信用卡，而若遇到金額比較高的品項，像是他也會買遊戲、3C 產品等，因為還可以分期付款，負擔感覺不會那麼大，但每一項分期付款加起來的金額也很可觀，只是他從未細算，就忽略了其實他的支出早就超過每月收入的事實，才會存不到錢。

　　在一一列出問題的同時，志明也在心中做了一番檢視、思考和反省，並且發現有些問題，其實只要消費習慣稍微改一下，就能獲得很大的改善；他已經開始在想有哪些方式可以幫助他改掉某些浪費的壞習慣，且了解自己的現金流狀況；期許自己能在不久的未來，擺脫月光族的稱號。

志明會變成月光族的原因分析魚骨圖

沒有儲蓄的習慣

高薪錯覺
- 因收入較高，不覺得需要特別省吃儉用

先享樂心態
- 剛領到薪水就覺得資金充沛，花錢特別大方
- 信用卡想刷就刷，還可以分期

沒有做理財規畫

對未來沒有規畫
- 覺得自己才30歲，退休是很久以後的事
- 不懂如何投資

不記帳
- 常常不知道錢花去哪
- 沒有做花費分類

月光族

娛樂花費高
- 遊戲特典、限量轉蛋、抽卡等
- 買遊戲點數
- 有煙癮

飲食消費過高
- 愛喝飲料，每餐一定要配一杯
- 常常和朋友聚餐、喝酒

報復性消費
- 因為工作壓力大，常以犒賞自己為由大買特買

想要大於需要
- 容易被低價、優惠誘惑，第二件6折、買一送一等
- 公司團購或朋友揪團
- 手機還能用，但看到出新型號就想買

不必要的花費高

無法控制消費慾望

用反魚骨圖尋找終結「月光族」窘境的方法

不久之前，志明利用魚骨圖整理出自己為什麼會成為「月光族」的原因，知道了他之所以存不到錢的癥結點在哪裡，如今既然知道了問題所在，接下來他要做的，就是想出解決問題的辦法。他想到可以利用「反魚骨圖」（參見139頁）來反向思考，以達到擺脫月光族窘境的目的。

反向魚骨圖和魚骨圖有著異曲同工之妙，最大的不同在於魚頭的方向是朝左還是朝右，魚骨圖朝右可尋找問題根源，朝左的反向魚骨圖則可幫助人尋找解決問題的方法和步驟；大骨為主要解決方法，中骨則為次要解決方法（子方法），小骨就是更次要的解決方法（孫方法）。

志明的花費習慣主要有四個盲點：沒有做理財規畫、無法控制消費慾望、沒有儲蓄的習慣、而且有過多的不必要花費。而他進一步利用反向魚骨圖，為這四個問題找到的解決方式（大骨）如下：

1. 學習規畫理財
2. 強迫儲蓄
3. 三思而後買
4. 減少不必要花費

先列出主要大骨後，再於大骨下列出次要解決方法為中骨，例如在「學習規畫理財」底下，志明想到要先做好資產分配，透過631法則，將每個月薪水分成三份：薪水的60%用來日常支出，30%用來儲蓄與理財，還有10%用來規畫轉嫁風險的保險。「專款專用」的方式，可以大大的減輕用錢壓力，幫助自己增加財富，也可以在遇到意外或緊急狀況時候，防止臨時支出影響理

財目標。

　　同時也開始學習記帳，先將支出分為食、衣、住、行、育、樂等六大項，讓記帳這件事變成習慣，再進一步審視記帳的內容並優化之。同時挑選適合的記帳工具，他覺得用手機 APP 最方便，因為可以隨身攜帶，消費過後也可馬上記下。

　　而對本來沒有儲蓄習慣的志明而言，「強迫儲蓄」絕對是他擺脫月光族的絕佳良方。他遵從朋友的建議，新開設了幾個不同的銀行戶頭，並在薪資戶設定自動轉帳，每月固定在領薪日當天，以「零存整付」的方式，將匯入固定金額匯入儲蓄專用戶頭，一方面可以強迫儲蓄，另一方面還可以領取比活存更多的利息。

　　另外，志明時常跟朋友出去聚餐、愛喝手搖飲料、有煙癮，更會在遊戲上花大筆金錢抽卡，工作壓力大時也會衝動消費，他決心要從這些地方開始節省支出。例如在「減少不必要的花費」大骨底下，志明決定要減少外食，家裡有廚房可用，他可以從簡單的一鍋料理開始；戒煙、戒飲料雖然對他來說有點痛苦，若能成功戒除，他一個月能省下 3 ～ 4,000 元，一年下來的積蓄也十分可觀；以及減少在遊戲上的花費，他發現，對他而言最有效的方式，就是將手機綁定的信用卡移除，以往手機拿起來就可以一鍵付款，現在還有多一個找信用卡輸入卡號的動作，讓他有思考的餘地，衝動消費的慾望也降低了。

　　照著反魚骨圖歸納出的四大方向實施一兩個月後，現在志明已能清楚知曉自己的現金流狀況，也已養成記帳的好習慣，雖然還是會抽煙、喝飲料，但頻率和過去相比降低不少，相信用不了多久，他就能正式脫離月光一族了。

志明尋找擺脫月光族的解方反魚骨圖

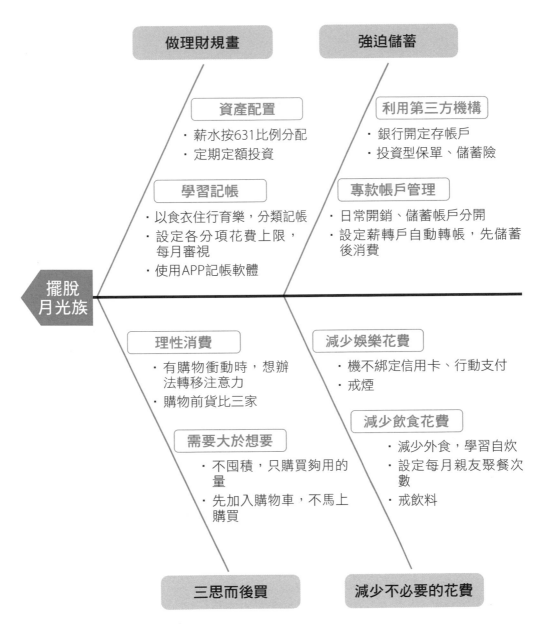

做理財規畫

強迫儲蓄

資產配置
・薪水按631比例分配
・定期定額投資

利用第三方機構
・銀行開定存帳戶
・投資型保單、儲蓄險

學習記帳
・以食衣住行育樂，分類記帳
・設定各分項花費上限，每月審視
・使用APP記帳軟體

專款帳戶管理
・日常開銷、儲蓄帳戶分開
・設定薪轉戶自動轉帳，先儲蓄後消費

擺脫
月光族

理性消費
・有購物衝動時，想辦法轉移注意力
・購物前貨比三家

減少娛樂花費
・機不綁定信用卡、行動支付
・戒煙

需要大於想要
・不囤積，只購買夠用的量
・先加入購物車，不馬上購買

減少飲食花費
・減少外食，學習自炊
・設定每月親友聚餐次數
・戒飲料

三思而後買

減少不必要的花費

15

啟動不同的想像，
畫出你的未來新藍圖

「九宮格」了解人事物的本質與影響

理清雜亂思緒，找出真正需求

　　九宮格的概念不僅能用來評估公司在某些產業領域的優勢，作為市場策略的依據，面對人生中可能影響甚深的十字路口，諸如「想過自己要的人生，卻無法拋下家庭責任」、「留在既有的工作很安定，又不想放棄冒險追求夢想」等讓人頭腦混亂的課題，要從**思考路徑中，全方位挖掘、整理心中思緒，發現自己內心的渴望，畫出人生新藍圖，「九宮格圖」**也是一項好用工具。

從混亂中挖掘本質

　　事實上，九宮格思考法源起於東方，又稱為「曼陀羅思考術」，日本管理顧問松村寧雄則奠基於此概念，發展出以九宮格思考的筆記術。

曼陀羅（Mandala），是由梵文的「Manda（本質、真髓）+la（擁有）」所組合而成的一個字，意思是「具備本質的事物」，其基本結構是一組「內含核心的 3×3 九宮格」，起源於一千多年前佛陀弟子的思考方式。

此種思考術特別有助於整理混沌狀態，把事情具體化，變得更加明確。所以九宮格圖相當適宜作為下列用途：

- 整理資訊
- 解析構想
- 會議紀錄
- 構築專案企劃
- 與夥伴討論協商

從核心激發創意

除了上述需要從亂中找出條理的場合，在針對目標毫無頭緒、召開動腦會議時，也很適合將九宮格圖用來輔助思緒，激發創意。

另一位知名的九宮格應用專家金泉浩晃，則將此法定義為一種深度思考，從核心出發，擴散思考範圍後，再一一篩選過濾。尤其適合用來作為自我管理工具，協助規畫未來、訂定個人年度目標計畫；對公司管理者而言，也非常適合用來規畫年度營運計畫。

九宮格圖的操作方式，就是運用一張九宮格矩陣圖表，以符合大腦發散式思考的運作模式，讓使用者可將腦中多元的資訊輕鬆記錄下來。很奇妙的是，只要有空格存在，人們就會不由自主地想填滿它，而在填寫的過程中，就能微妙刺激大腦的意識與聯想。

動手畫「九宮格」

填寫說明：

步驟 1

首先將要發想的主題寫在❶正中間處。

步驟 2

將由主題延伸出的想法與相關聯想，放在周遭的八個格子內。可以任意跳著填寫，或是從❷左上方開始，依順序或重要程度，以順時針方向，繞行中間的主題區。盡量用直覺思考，不用刻意尋求「正確」答案。

步驟 3

盡量擴充八個格子的內容，針對每個聯想，都可以單獨拉出來成為一張新的九宮格。鼓勵反覆思維、自我辯證，但無須給自己壓力，非得在多少時間之內做完，已經寫下的內容也可以再修改。

九宮格基本模式

❷聯想1	聯想2	聯想3		聯想A	聯想B	聯想C	
聯想8	❶主題	聯想4	展出新的九宮格	聯想H	新主題聯想4	聯想D	可無限延展
聯想7	聯想6	聯想5		聯想G	聯想F	聯想E	

※「九宮格」可至271頁查詢網址及掃描QRcode下載，以便自行複印、重複使用。

5W2H

如果核心明明是很複雜龐大的主題，卻連八個格子都填不滿、不知從何著手，不妨試試結合一種很普遍的 5W2H 思考技術（再加上一個「其他」，填滿八個），形成如下的思考模式。你所填的 5W2H 位置不必完全如表套用，「其他」則可填

入一些限制或條件，如預算經費、達到的效益或影響等。總而言之，視覺化的思考會比條列式或線性思考來得更靈活而周全。

以 5W2H 發想的九宮格

Who	Why	What
Where	主題	How Much
When	How	其他

逐漸找到自己的人生目標

人一生所面臨的內外事務，最「迷人」或「謎人」的，恐怕還是面對自我的時刻，「想要」的太多，「需要」的也許還好，而「得到」的總是害怕不夠，與其放在腦中，不如真正寫下來，填入可見的曼陀羅紙上世界，釐清方向再擬定行動計畫！

以「我」這個「主題」為例，可以有兩種填寫法：

方法 1：從四面八方填出去，填出這個「我」想要的**任何有形無形事物**。

填不滿？恭喜你，可以再想清楚一點，也許一時沒想到；填不完？沒關係，多填兩張，再整理就好了（參見圖 1）。

方法 2：依順時針方向填進去，這個填法的好處是先想到先寫，也許在填格子的過程中，還可以了解到自己內心的渴望程度（參見圖 2）。

填完表，可以回過頭來靜下心檢視，是不是這些都是「我」一定要的，或者其中有短、中、長期目標混雜在一起，需要分開來計畫，再重新填起。九宮格的好處是沒有限制，可以一直寫到自己真的清楚為止。

格子中的每一單項，都可以再拉出來成為另一張九宮格，幫助我們把單項部分的思考或執行方式再釐清，可以推論或計畫到極細緻的地步，真正去落實後，會發現這個工具實在很好用。比如圖 2 中的「拿到碩士」，也可以進一步思考（參見圖 2-1、2-2）。

在畫下一張張九宮格，思考和寫下來的過程中，會發現原來連「人生目標」都可以逐漸清晰明朗起來。當然，想達成目標要靠執行力，不過，那又是另一個命題了！

圖 1 從中心主題發散型思考

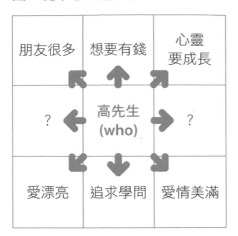

朋友很多	想要有錢	心靈 要成長
？	高先生 (who)	？
愛漂亮	追求學問	愛情美滿

圖 2 順時針聯想思考

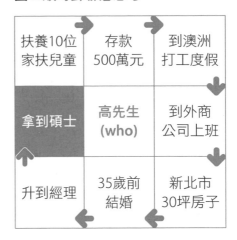

扶養10位 家扶兒童	存款 500萬元	到澳洲 打工度假
拿到碩士	高先生 (who)	到外商 公司上班
升到經理	35歲前 結婚	新北市 30坪房子

圖 2-2 延伸細節內容

國內或 國外差別 是……	有助創業	想創業 的原因 是……
台北或 洛衫磯	拿到碩士	聯想D
選的科系 是……	台大或 加州大學	時間、金 錢或其他 成本……

圖 2-1 每個細項都可以變
成新的思考主題

	理由	
地點	拿到碩士	時間
	學校	

人脈管理或主題研究都好用

　　以下再舉四個九宮格的應用範例，不外乎都是記憶或聯想技巧，關鍵只在於思考者的「跳 tone」程度如何。多找些題目來練習，不管實不實用，最後都會發揮效果。

1. **主題研究或記憶應用**：死背硬記容易掛一漏萬，用九宮格整理後，一目了然，這種運用腦力激盪的整理術，在應用上很可能有讓人驚喜的新發現。（參見圖 3-1、3-2）

2. **人脈管理**：我認識多少人（或有多少人脈）？這些人跟我是什麼關係？我們在一起都做了些什麼⋯⋯？（參見圖 4）
　　太多寫不下？請繼續延伸！

3. **做出理想選擇**：我想開一間幽靜的山中民宿有以下條件⋯⋯。（參見圖 5）你可能會想：這樣的民宿存在嗎？沒關係，有志者事竟成，只要肯努力，你一定能成功。

圖 3-1 應用九宮格主題研究

競品分析	客戶需求	實際案例
賣點	產品 行銷策略	客戶異議 處理
優勢	功能	愛情美滿

圖 3-2 應用九宮格整理記憶

紅蘿蔔	馬鈴薯	咖哩塊
湯底	煮咖哩飯	洋蔥
肉類	巧克力	香料

圖 4 應用九宮格整理人脈

同事	網友	教友
朋友	高先生 (who)	討厭的人
親戚	家人	戀人

圖 5 應用九宮格規畫創業

接待 外國人	氣氛寧靜	乾淨套房
行銷宣傳	山中 民宿	附早餐
好的服務	寵物友善	吸引 回頭客

16

循序漸進的安排，
別再讓混亂綁架你的生活

「流程圖」讓事情一件件有條理完成

觀念說明

事多如麻，也能井然有序不遺漏

「流程管理」可說是所有大小企業提升經營效率最不可忽視的一環，但不僅是開餐廳、蓋房子、生產製造、公文簽核……需要管理流程，人生中許多重要的事，都可以運用一張「流程圖」（Flow Chart）來控管。

比如孩子的升學問題，現在因為國內升學管道多元化，為不同管道做準備的時程拉得很長，對應需要準備的資料文件，就可能讓孩子或做爸媽的，永遠搞不清楚什麼時候該做什麼事。

在這種情況下，如果有一張流程圖，說明每一個步驟做完，接下來什麼時候該做什麼事，就不至於昏頭轉向了。

讓多步驟事件的結構一目瞭然

「流程圖」是我們在工作與生活中常聽到的一種圖形名稱，用來說明為了達成目標所預先擬訂的一套程序與方法。

其基本外貌是由內含文字的幾何圖形外框，加上代表事物行進方向與路徑（順序／步驟）的箭頭所組成，圖框代表事件、現象或工作項目的「物件」，有時會給予每個圖框一個序號，例如：阿拉伯數字 1、2、3⋯⋯，代表執行的先後順序，形成單線式視覺圖形。

流程圖的優點，在於可以了解整體結構與前後關係，掌握整體與細部情況，取代長篇大論的文章說明。由於流程圖簡單好用的特性，我們在日常生活中也會使用流程圖來釐清執行的盲點，以及提出解決問題的方法，並可在過程中隨時檢討，看是哪個環節出了問題。

依照性質區分，流程圖共有三大類別：

- 第一類：視覺化的「工作說明書」

  這類流程圖與電腦軟體設計或機械工程有關。例如：早期電腦程式語言 BASIC 的「數理流程圖」、企業原物料採購流程的「業務流程圖」都屬於此類。

- 第二類：與時間進度掌控相關

  例如：「甘特圖」（Gantt Chart，參閱 17 章，156 頁）或「計畫評核圖」（PERT）。

- 第三類：表示事物之間從屬或因果關係的「關聯圖」。這類流程圖通常與企劃、簡報領域有關。

運用流程圖的注意事項

　　一般人在家庭或生活中所使用的流程圖，不太需要用到很複雜的流程規畫工具（如「計畫評核圖」），只要運用最基本的流程圖，就可以解決一般日常事務，但還是有幾個使用技巧需要注意：

　　1. 需先釐清問題：首先是要釐清問題所在，正確了解問題本質，才是有效解決的根本。有時眼前所見的現象並非真正的問題，背後還有更深層的原因。

　　例如：家裡需要人長期照顧的長者，某日開始出現拒食與暴躁挑釁的行為，並一直持續下去。依照一般的做法，可能是由家人出面安撫了事，但往往只能解決一時，無法徹底排除問題。其實，長輩表面的情緒性行為，有時來自長期無法獲得子女的重視與真心照護，時間久了，就想藉由極端行為來引起家人的重視。因此，在了解問題的本質後，才可以進行下一步驟。

　　2. 明確定義主題：主題越具體明確，才能對症下藥，對於接下來的流程規畫越有幫助。

　　在上例中，流程規畫的主題，將由「安撫長輩的情緒性問題」變成「家人總動員照護長輩的身心需求」，後者定義的主題明顯較前者更貼近問題核心。這就是在「事件」背後，我們摸索出其發生「模式」（如次數、頻率），進而摸透模式後面所代表的「結構」（意義／真相），也是真正的原因或理由。

　　此外，請盡量用肯定句來定義主題，因為肯定句較疑問句更能啟動與強化大腦的問題思考能力。

　　3. 羅列工作清單：運用「樹狀圖」（參閱第 11 章，97 頁）排列所有想到的項目，項目之間必須符合 MECE，即「彼此獨立，互無遺漏」的分類原則。

　　4. 繪製流程圖：接下來，就是繪製具有順序與步驟的作業流程「指南」。

動手畫「流程圖」

填寫說明：

步驟 1

　　針對欲釐清的問題，明確定義❶完成目標。

步驟 2

　　將從❷現在到完成之間，所需進行的事項羅列出來，並依先後排序，寫下各步驟的序號與應辦事項。事項與事項間以箭號連結，表示事物的推進方向。

流程圖

※「流程圖」可至271頁查詢網址及掃描QRcode下載，以便自行複印、重複使用。

輕鬆完成搬家大小事

　　翁小姐與先生一直都在台北租屋，兩人都是上班族，育有一名三歲的幼兒，白天由同住的公婆照顧，考量承租的房子空間有限，今年在新北市板橋區購入一幢屋齡 20 年、有 3 房 2 廳的 30 坪中古屋，重新裝潢粉刷，眼見翻新工程即將結束，接下來就是要開始規畫搬家事宜。由於先生常須加班，而翁小姐的工作較能準時下班，有較多餘裕，因此由她負責規畫全家的搬家任務。

　　細心的翁小姐，想規畫一套搬家流程，在思考該從何著手後，想到搬家牽涉到四種不同主體：屋主（委託人，即翁小姐）、搬家公司（被委託人）、舊家（台北）與新家（板橋）。因此，她的規畫順序如下：

- 先做出一張❶ 3×3 的表格（參見右圖），再將屋主與搬家公司兩者在舊家與新家各自應做的事情寫下來，如右表所示。
- 將整理好的 3×3 表格，依工作項目的先後順序予以編號，轉換為一張❷搬家流程圖（參見 154 頁）。由後圖可知，翁小姐家共有 13 個搬家流程，第 10 個流程為搬家的執行日期，依此區分為「在舊家」與「在新家」該做的工作。
- 最後，依據視覺化流程圖掌控所有搬家應注意的細節。

搬家應做事項表

❶	舊家（台北）	新家（板橋）
屋主 （翁小姐）	・訂立搬家日期＋時間 ・蒐集搬家公司名單＋詢價 ・與搬家公司簽訂合約 ・準備紙箱、膠帶與氣泡紙 ・畫出新家平面圖 ・將紙箱編號與貼上新家平面圖 ・將小型物品打包 ・清垃圾	・清潔打掃 ・搬入新家具 ・清點與確認紙箱＋大件物品 ・紙箱拆封，將物品歸定位
搬家公司	・估價 ・與屋主簽訂合約 ・搬運物品上貨車（台北→板橋）	・將紙箱＋大型家具放到屋主指定的位置

翁小姐的搬家流程圖

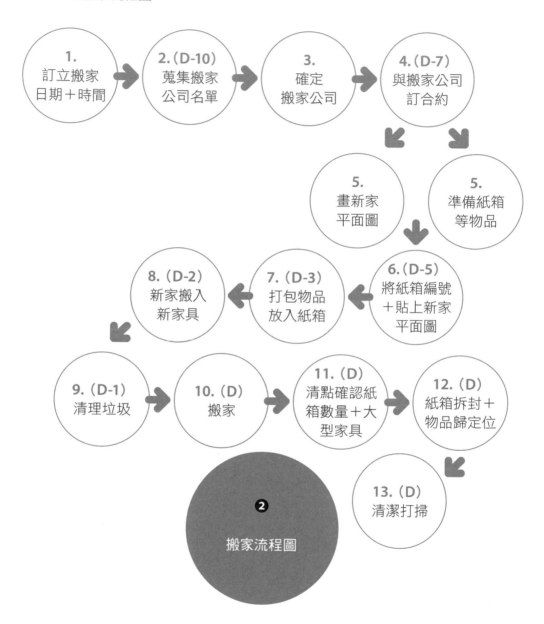

　　有些事情較為單純，可以用單線式的流程圖加以解決，但有時我們會面臨一種情況，例如：流程 C 要等到流程 A 與流程 B 都完成後才能進行，這時流程 C 就成了流程中的「關鍵節點」。

　　以翁小姐的搬家流程為例，其中流程 6「將紙箱編號＋貼上新家平面圖」，就要等到前面的兩個流程 5「畫新家平面圖」與「準備紙箱等物品」同時走完後才能進行，因此流程 6 就是「關鍵節點」。

17

工作、生活都適用，
掌控自己的人生配速

「甘特圖」管好專案時程不延誤

一次掌握多種工作、不同進度

達成高效工作的目標，關鍵在於時間管理。雖然時間管理的技巧各有優劣，但面對多項同時執行的工作，掌握各項事務的推進情形卻是最基本的事。

將時間安排視覺化，有無跟上一眼知

現代人工作、生活繁忙，同時進行多種進度不一的專案，甚至個別專案中環環相扣的細項事務有不同進展，都是屢見不鮮的事。萬一任一個專案中的某個環節執行情況不如預期，或是發生合作廠商出包等突發事件，若沒有良好的管理方式，人們很容易就會慌亂無措，無法即時應變調整進度，形同「當機」。

面對多項工作分身乏術時，能一張表看清整體進度的「甘特圖」（Gantt

Chart），會是你不可多得的好幫手，協助確認各項事務的推進情況，以便即時調整，進而有次序地完成該做的事，從從容容不抓狂。

甘特圖是在 1917 年，由美國一位機械工程師，也是管理顧問的亨利·甘特（Henry Laurence Gantt，1861～1919）所提出。它是一套視覺化的工作計畫管理工具，主要功能在於控管目標達成或生產線的進度，是一種計畫執行過程的「預計」與「實際」進度的時序圖，相當方便好用。

動手畫「甘特圖」
填寫說明：

步驟 1

先拉出橫軸（水平軸）與縱軸（垂直軸）兩條軸線（參見 158 頁），❶橫軸表示時間，有明確的月日，❷縱軸是具延續性的計畫活動或工作項目，並自上而下依先後順序排列。由這兩條軸線所展開形成的象限，就是我們的繪圖範圍。

步驟 2

在某個工作項目下，用❸兩條不同顏色的粗水平線標示出作業進度，一條表示預計進度，另一條表示實際進度。自上而下依先後順序排列，所有線條的長度都與橫軸所標示的時間成正比。

步驟 3

畫出一條垂直虛線作為檢查進度的檢核點。例如：上圖中的 9/25 為檢核點。你可以依不同的時間點或工作階段訂定不同檢核點，以充分掌握計畫的執行進度。

這樣畫的好處是，不僅能夠呈現每一個工作項目的開始與完成時間，也能呈現預計與實際進度的對比與差異，如果發現差異過大，會影響到計畫的完成期限，就要想出解決方法。

甘特圖基本概念

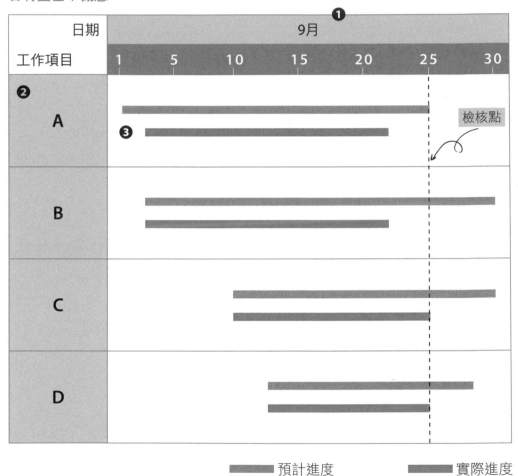

※「甘特圖」可至271頁查詢網址及掃描QRcode下載，以便自行複印、重複使用。

利用甘特圖做專案管理

　　還有一種專案管理領域使用的甘特圖較為詳細，如 160 頁圖表所示，多了「日期概算」與「資源名稱」兩筆資訊。

　　日期概算有四筆資料：預計開始日期、實際開始日期、預計結束日期與實際結束日期。資源名稱包括投入的人力、設備、經費等，並以向下的箭頭表示前後兩個任務必須互相銜接，無法同時作業。如 160 頁圖表所示，一定要等前面的任務 D 完成後，才能進行下一階段的任務 E。

　　甘特圖雖然可以幫助管理者發現工作的實際進度偏離計畫的情況，但缺點是無法顯示工作項目彼此之間的關係，也無法顯示影響工作項目所需時間的關鍵因素。當情況變複雜時（比如大型工程計畫），甘特圖就不太適用，這時，就要用網路型（network）的計畫管理方法，即「計畫評核圖」（PERT）與「關鍵路徑圖」（CPM）來控管進度。

專案管理甘特圖

任務 名稱	開始 預計 實際	結束 預計 實際	資源	1月				2月				3月					4月			
				5	12	21	28	3	10	21	29	6	12	19	25	30	10	14	21	27
任務 A	1/5 1/5	2/3 2/10	資源 A1																	
任務 B			資源 B1																	
任務 C			資源 C1																	
任務 D			資源 D1																	
任務 E			資源 E1																	

表示任務 D 與任務 E 是相互銜接，必須等到任務 D 完成後，才能進行任務 E。

━━━ 預計進度　　　━━━ 實際進度

辦婚事嚴控所有流程

黃先生與劉小姐即將在 10 月舉辦婚禮，在與雙方家長溝通後，決定在 10 月 28 日當天舉辦婚宴，並不再另外舉行訂婚儀式。由於習俗上 10 月是結婚的大月，同時又有新居裝潢搬家等事項要完成，因此，黃先生不敢大意，做好一份條列式的時程注意事項，尤其是結婚當天所有的迎娶流程與細節。

他另外做了一張婚宴籌備流程的甘特圖（參見 163 頁），以利視覺化控管與整體資源（人力、物力、資金等）調度，填寫順序如下：

- 上方欄位顯示 5 ～ 10 月的時程，每個月下面再劃分為 4 週的時間。
- 左方列位則顯示重大、具延續性的工作項目（共 7 個），並依啟動時間的先後順序自上而下排列。例如：最早在 5 月需啟動的「婚宴場地預訂與確認」項目就放在最上方。
- 接著，在每個工作項目拉出兩條較粗、不同顏色的水平長條線，分別代表預計與實際進度。
- 以上做好之後，黃先生在 8 月中旬做了第一次檢視，如圖中的垂直虛線。他們在檢視時發現，新居要鋪設的木質地板因規格較為特殊，受到市面上缺料的影響，較原訂進度落後兩週，他怕會連帶影響在婚宴前、10 月下旬的搬家時間，因此，必須積極與設計師商討出補救辦法。

甘特圖中顯示的，是從「確認預訂」開始的工作項目，但事實上，在預訂之前，黃先生與劉小姐就已經過一段時間的名單尋找、現場詢問與確認的過程；此外，他們也知道，隨著婚宴時間越接近，檢視甘特圖的時間點會越密集，並依實際情況做出調整與解決問題，才能讓 10 月 28 日的婚宴得以順利進行。

黃先生與劉小姐婚宴籌備流程甘特圖

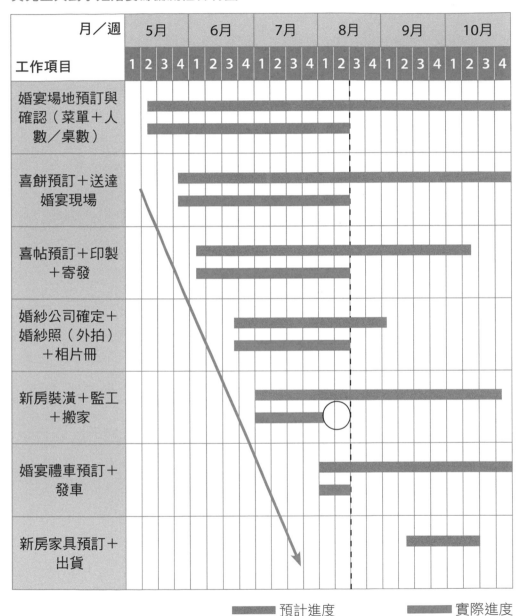

月／週 工作項目	5月				6月				7月				8月				9月				10月			
	1	2	3	4	1	2	3	4	1	2	3	4	1	2	3	4	1	2	3	4	1	2	3	4

工作項目：

婚宴場地預訂與確認（菜單＋人數／桌數）

喜餅預訂＋送達婚宴現場

喜帖預訂＋印製＋寄發

婚紗公司確定＋婚紗照（外拍）＋相片冊

新房裝潢＋監工＋搬家

婚宴禮車預訂＋發車

新房家具預訂＋出貨

▬▬▬ 預計進度　　　▬▬▬ 實際進度

18

最強除錯工作術，
人生成就再進化

「PDCA 循環法則」點滴累積強大成就

觀念說明

觀念說明

成功就是每天進步 1%

企業界知名的 PDCA 循環法則，由美國學者戴明（William Edwards Deming）在 1950 年代提出。這不是新創的概念，卻是讓日本品質廣受世界認可的基礎。現代人很難想像，日本產品曾是劣質品的代名詞，而正是 PDCA 法則促使日本產品蛻變，讓日本在 1980 年代急起直追，成為震撼世界的經濟大國。

剖析 PDCA 循環法則，看似艱澀的英文單字其實來自四個簡單的概念：計畫（Plan）、執行（Do）、查核（Check）以及行動（Action）：

1. 計畫（Plan）

計畫是一切流程的基礎，也是最關鍵的一步。在制定計畫時，首先要清楚定義目標，接著分析問題、蒐集數據，詳細列出執行過程中可能遇到的挑戰與變數，之後提出數種方案，詳加比較之後擇優選出最佳方案。

由於計畫是整體 PDCA 關鍵，因此這階段花費的時間甚至應占整體流程的 50%以上。

2. 執行（Do）

根據前一階段規畫的目標與程序，準確執行，即使最後發現原始的計畫尚有可供改進之處，這一階段也必須忠實遵循「計畫」階段擬定的方案。另外在執行時，也必須隨時記錄執行過程中的各項數據，如此才能監控流程，並供事後衡量結果之用。

3 查核（Check）

在執行過程中隨時檢視計畫，確認執行方向與目標一致，沒有偏離。同時，也須注意「計畫」與「執行」之間是否有落差，並根據「執行」階段所蒐集到的數據與預期結果進行比較。

一般而言，計畫執行的過程中應有兩次查核，第一次是執行過程中的查核，確保能達到計畫目標，第二次則是執行階段完畢時的全面性查核，以利未來的行動調整。

4. 行動（Action）

行動指的是根據「查核」階段所提出的結論，修正執行方式，因此這裡的 A 也可視為是「修正」（Adjust）。

在此階段有兩種可能。如果前述三階段已達預期結果，那麼 PDCA 循環就可以標準化，作為下次面對同樣問題的參考流程；相反的，如果結果不如預期，就應檢討原因，以找到新的解決方案。

PDCA 看似複雜，但其實你可能早已使用過這個概念。最常見的例子就是利用 Google Map 找路，你設定目的地（Plan）、選擇開車或步行（Do）、走錯路再次確認（Check），並重新更改路線（Action）。如此一個循環接著一個循環，直到抵達目的地為止。

其實，PDCA 本質上就是一個試誤的過程，在一次次的循環中修正策略軌道，以達最佳結果。應用在個人層面上，PDCA 能幫助我們將目標視覺化，在執行過程中發現問題，除錯、改善，秉持著沒有最好、只有更好的心態持續向目標邁進。

日本樂天創辦人三木谷浩史曾說：「每天改善 1%，一年就能強大 37 倍」，這句被許多管理人奉為圭臬的話語，正是 PDCA 循環法則的最好註解。

動手畫「PDCA循環法則」

填寫說明：

步驟 1

設定好想執行的計畫主題（參見 168 頁），例如：「提升公司營運績效」。

步驟 2

設定好主題後，進入「計畫」階段。計畫必須盡可能清楚，例如可設定執行時間，讓計畫變得有急迫性，讓人更有實踐的動力；或是盡可能量化目標，例如將「打造出人氣商品」改為「商品月銷售量超過 5,000 件」。

確立好計畫之後，將內容填入❶欄位。

步驟 3

拆解計畫目標，列舉出具體可行的行動措施。例如目標是「完成一次馬拉松」，那麼行動措施可能包括「上健身房」、「控制飲食」、「早睡早起以維持良好體魄」等。

若不知該如何羅列具體措施，可從 5W2H 的方向著手（參見 143 頁），即原因（Why）、對象（What）、何處（Where）、時間（When）、人員（Who）、如何（How）以及多少錢（How Much）。反覆詢問自己 5W2H，可使內容深入、具體化，擬定出可操作的步驟措施。

擬定出行動措施後，將這些措施填入表格❷的欄目中。

步驟 4

在計畫執行中與執行後檢核行動成效，包括效果、效率以及完成度，檢查後在❸欄目內詳細填入記錄，並檢討計畫與執行間是否有落差，以及該如何加以改善。

步驟 5

思考步驟 4 中的查核結果，確認哪些行動需要停止、哪些行動需要改變，留下成功的部分，讓這些行動成為標準化流程，並將結果寫入❹欄位。之後，再根據表格中的總結，另外開啟新的 PDCA 循環。

PDCA 基本模式

執行主題

Plan計畫 ❶	Do執行 ❷	Check查核 ❸	Action行動 ❹

※「PDCA循環法則」可至271頁查詢網址及掃描QRcode下載,以便自行複印、重複使用。

四個步驟，拯救你的菜英文

大學畢業兩年的小如在傳產小公司工作，聽說外商公司薪資優渥、福利佳，她於是心生嚮往，但打聽之下發現，外商都有英文門檻，偏偏英文又是她的罩門，該怎麼辦？

小如心想，學英文單字最重要，於是她到書局買了一本英文單字書，打算每天背誦 10 個單字。沒想到背單字竟如此乏味，不到一個禮拜，單字書就成了小如拿來墊桌腳的工具，別說翻開，光看到封面就打了退堂鼓。小如的外商夢就這樣泡湯了嗎？

許多人常一時興起寫下願望清單，隨後就按照腦海中的「想像」開始行動，卻沒有實際評估可能遇到的問題，以及回頭檢視執行的方式是否正確，導致困難一出現就立刻舉白旗投降，就像小如學英文一樣，熱情一退，目標就成為遙不可及的夢想。

想要鎖定目標，並找到最適合自己的實踐方法，PDCA 可以是你的最佳幫手。因此小如試著繪製 PDCA 流程（參見 171 頁）來打造自己的外商之路：

- 在執行主題寫下「到外商上班」五個大字之後，小如開始思考自己的英語作戰計畫。

   小如發現，多益檢定是近幾年很熱門的檢定考試，也是許多公司的錄取門檻，因此小如打算參加多益考試，以考試為目標強化自己的學習動機。而為了讓計畫有急迫性，她給自己一年的時間，並以 860 分金色證書為考試目標。於是，她在 PDCA 表的❶欄位，填下自己的計畫。

- 小如上網參考其他人的英文學習經驗，發現死背單字不是學英文的好方式，結合興趣，學習才能有效率，於是她打算一週學習一首英文歌，記憶歌曲中出現的單字。小如也愛看影集，所以她認為跟著影集練習口語會話，應該也能有很好的學習效果。

  接著小如將擬定的行動計畫，全都填入表格的❷欄位。
- 計畫執行三個月後，小如進行第一次計畫查核。她發現一週學習一首英文歌對她來說太輕鬆，另外，她也發現多益考試不考口說。小如將查核的結果記錄在表格❸的欄位。
- 評估查核結果後，小如決定將執行方式調整為一週學習兩首英文歌，同時放棄跟著影集練習口語，改為聚焦練習聽力。另外，小如發現寫多益考古題可以幫助她習慣考試節奏，於是她將「練習考古題」加入欄位❹，成為新的執行內容。

視覺化且不斷更新的 PDCA 表，讓小如明確了解自己的目標為何，扎扎實實的跟著計畫蹲好英文馬步。透過試誤的過程，小如隨時修正自己的學習軌道，雖然一天只能進步一點點，但她明白，自己已經越來越靠近她的終極目標。

小如的英語學習 PDCA

執行主題：到外商上班

Plan計畫 ❶	Do執行 ❷	Check查核 ❸	Action行動 ❹
・一年內參加多益檢定 ・取得金色證書（860分）	・單字：每週學一首英文歌 ・看影集練習口語 ・參加讀書會	・每週一首英文歌太輕鬆，可增加數量 ・多益不考口語，可先略過口語練習	・將英語歌曲學習數改為每週兩首 ・增加多益考古題練習

19

高效記憶三分割，
追求夢想的關鍵能力

「康乃爾筆記法」整理思緒的強大工具

觀念說明
在資訊超載的世界裡為知識編碼

筆記做得好，考試沒煩惱。

的確，筆記人人會做，結果卻差別甚大。好筆記內容簡單明瞭，但也有人的筆記只是將講者提到的內容一字不漏抄下來，不但內容龐雜，也缺少閱讀價值。寫筆記不難，但如何下手最有效率呢？不妨參考風靡學霸界的「康乃爾筆記法」。

康乃爾筆記法是康乃爾大學教授華特‧波克（Walter Pauk）於 1950 年代所提出的筆記方式，概念很簡單，只要在筆記頁面上畫一個「倒 T」線，將頁面分割為一大兩小的三個區塊，包括右邊較大的筆記欄與左側的關鍵字欄、下方的總結欄即可。具體的筆記概念如下：

概念一、將重要的想法、概念、公式或圖表填寫在筆記欄欄位。

康乃爾筆記法不鼓勵逐字聽寫或使用長句記錄，只要掌握整體方向即可。另外，也可適度使用縮寫或自己理解的符號來抄寫筆記。

概念二、將筆記欄內容稍做整理後，在關鍵字欄寫入濃縮版字句，也就是關鍵字。這個步驟可讓你識別關鍵資訊，摒除不必要的雜訊，關鍵字欄裡的內容也可做為之後背誦、思考與複習的線索。

概念三、消化筆記內容後，將要點用「你自己的話」說出來，並記錄在總結欄。總結時若遇到困難，可再細看一次筆記內容確認重點。這個步驟有助於檢視自己的理解程度及成果。

康乃爾筆記法因在記錄的過程中囊括了記錄（Record）、簡化（Reduce）、背誦（Recite）、思考（Reflect）、複習（Review）五個概念，因此又稱為「5R筆記法」，優點主要有三：

一、有意識的寫筆記：康乃爾筆記法能引導你確立中心概念，記錄關鍵點，寫筆記不再只是把每件小事都記錄下來而已。

二、積極總結：為了總結一個主題，你必須對筆記內容有一定的理解，康乃爾筆記法能促使你批判性思考筆記內容，進而有助於理解與記憶。

三、**結構化思考**：康乃爾筆記法將整體思考流程簡化為頁面上的三個步驟，讓你只閱讀一兩個關鍵字就能進入深層思考。從窄到寬的結構也能讓你不至於被細節所困擾，快速學習。

日本管理學者大前研一曾說：「**所謂的筆記術並不是用來記下別人說的話，而是用來整理自己的思緒。**」寫筆記就像是一個知識編碼的過程，在資訊超載的時代裡，不論你面對的是考試或其他人生難題，做好筆記能讓你思緒清晰、高效找出解決方案，這些或許就是幫助你追求人生夢想的關鍵技能。

動手畫「康乃爾筆記術」
填寫說明：

步驟 1

在主題的位置填上筆記標題（參見 176 頁），如課程名稱、講座內容或閱讀主題等。此處也可加上日期，方便日後搜尋。

步驟 2

當你在聽講過程或閱讀、開會聽到重要關鍵內容時，將筆記記錄在❶筆記欄欄位。此處的重點在於簡單、清晰，與其記錄下完整的字句，不如使用條列式或符號、縮寫等方式記錄。例如「1703 年，彼得大帝建立聖彼得堡，並下令建造第一座建築——彼得保羅要塞」這一長句，可簡單濃縮為「1703 －彼得大帝－聖彼得堡－彼得保羅要塞」。

另一個重點是記錄概括的說明，而非說明性的例子，不但節省抄寫時間與筆記空間，還可引導你之後回顧筆記時，建立你對這些說明的自我看法，有助於記憶筆記內容。

步驟 3

　　筆記結束後歸納重點，將最能傳達重要資訊或概念的關鍵字寫入❷關鍵字欄位中，這個步驟有助你劃掉不重要的枝節。另外，你也可以根據筆記欄裡的內容，思考更高層次的問題，並將這些問題寫在關鍵字欄位中。

步驟 4

　　用自己的話寫下筆記主要觀點，並填入❸總結欄處。這個步驟可以檢視自己是否完全理解筆記內容，填寫時，你可以問自己「我該如何向別人解釋這些訊息？」也可以將消化資訊之後的想法或未來行動填入總結欄位中。

康乃爾筆記法基本模式

執行主題

---

❷
關鍵字欄

❶
筆記欄

---

❸
總結欄

※「康乃爾筆記法」可至271頁查詢網址及掃描QRcode下載,以便自行複印、重複使用。

三步驟無痛變身會議紀錄高手

　　品崴大學畢業後在一家出版公司擔任企劃。新手上路，品崴非常認真對待每一項任務，但儘管他事事力求完美，卻總覺得有點力不從心——他老是搞不定主管交代的任務。

　　品崴的主管是個工作狂，每次開會總是兩小時起跳，一口氣交代的工作內容又多又繁雜，品崴每次開會光抄筆記就來不及，常常丟三落四，不是漏聽就是聽錯，導致他工作效率奇差無比，也總是挨主管罵。

　　某天，品崴在會議上發現資深同事使用康乃爾筆記法做會議紀錄（參見179頁），他私下研究一番之後，決定下次開會也來試看看。

- 在週一早上例行的企劃會議前，品崴就在筆記本上寫下今日會議主題，品崴還加上了日期，方便日後整理資料使用。

- 會議開始，品崴利用❶右側的筆記欄寫下會議紀錄。這次品崴不再逐字逐句記下主管的命令，而是在聽到主管說出關鍵字時，改以條列式的方式將重點記錄下來。為了快速抄寫，品崴用了許多符號來做筆記，雖然外人看起來彷彿像天書，但對品崴來說簡單又易懂，而且省下許多時間。

- 會議結束後，品崴快速瀏覽一次筆記欄內容，在❷左側關鍵字欄處寫下濃縮的重點，同時思考主管提出的工作要求是否還有可改善之處。

- 最後在總結欄❸，品崴用自己的話為會議紀錄做一句話總結，而且除了平時的標準作業流程之外，品崴還加上了自己對工作內容的建議。

利用康乃爾筆記法寫會議紀錄，品崴發現自己在開會時能跟得上主管腳步，不再為了抄筆記而手忙腳亂。一目瞭然的關鍵字欄也讓會議紀錄變得易讀也易懂，甚至只需要瞄一眼關鍵字欄，就能想起會議上討論的內容是什麼，不像以前開完會之後因為抓不到重點，對著龐雜的筆記內容發呆。

另外，「總結」這個步驟讓品崴多了思考空間，以往他總是在接收主管命令之後照章行事，現在開會之後他會立刻思考一次會議內容，有任何疑問當場提出，也試著跳脫過往的思維，開發新的工作方式，這些改變連帶提升了他的工作效率。

做筆記看起來是件小事，但做不好筆記卻有可能使你的職業生涯大大失分。在資訊龐雜的現代，利用筆記為自己整理思緒、過濾雜訊，修剪掉紛紛擾擾的枝節，才能有效率的在職場發揮最大能量。

執行主題：2023/02/01 企劃會議

❷	❶
五年書市 通路 一週內提文案	1. 蒐集：五年／暢銷書資料&書市排行榜（文學＋商業） 2. 通路提案／博客來＋誠品 3. 新書文案→支援編輯部，一週內提出新書文案與行銷方案

❸

1. 長期工作：觀察書市走向，短期工作：通路拜訪
2. 文案deadline急迫，先找編輯部討論
3. momo通路火紅，向主管提案momo？

四

理財篇

好想財富自由，
一桶金的無痛存錢術

三張圖表，開源節流有一套！

- **現金流量表**：檢查生活收支，拿回金錢主導權
- **資產負債表**：釐清財務狀態，往理想生活邁進
- **理財明細表**：安排資金運用，讓夢想順利成真

20

記帳盤點現金流，
每年多存一倍錢

「現金流量表」記錄月度、年度各項收支與占比

了解收支流向，是理財的第一步

很多人都希望自己能存更多錢，讓未來的生活更安全有保障，或是當生活突然改變時，也有足以應變的資源。然而，俗話說「你不理財，財不理你」，很多人雖然希望自己可以多存點錢，但或許是害怕必須縮衣節食的辛苦，而不曾真正認真檢視自己的財務情況，然後根據消費習慣進行調整。

事實上，所謂「好的開始是成功的一半」，想要脫離「月光族」、每個月存下更多錢，先不用把事情想得太遠大，只要先從一個簡單的存錢念頭開始，正視自己的消費習慣並著手適合自己的無痛存錢計畫。

因此，首先一定要弄清楚自己每月的收支狀況，其中最基本的做法就是記帳，並且立下存錢目標，透過具體的目標，才能夠知道自己要從現有的收支狀

況中，找出多少結餘，也才能進一步發掘漏洞較大、可以改進的財務缺口。

攤開每月、每年的收支流向

若要透過記帳弄清楚自己每天、每月的收支狀況，目前市面上有很多記帳本或 APP，都貼心地提供想要記帳的人，一個方便好用的工具。不過，除了每天、每月記帳外，想要達成理財的目標，還要彙整出「現金流量表」。

製作現金流量表的用意，不只是為了了解每天花了多少錢，**最重要的是要透過現金流量表，檢視自己是否每年都有結餘存下，繼而累積資產；還是其實自己的花錢習慣已經在侵蝕老本，無法存下一毛錢。**

現金流量表可以幫你抓出自己沒注意到的財務漏洞，其中又分為「現金流量收入表」、「現金流量支出表」。通常，記帳主要在於記下自己「花」了哪些錢，但在現金流量表中，除了要記錄支出，記錄自己「賺」了哪些錢也非常重要，因此需要填寫「現金流量收入表」。有了這兩者的數據，我們才有辦法得知，每個月甚至是每年是否有結餘留下，也是攸關資產是否會逐年成長的關鍵；若想要透過投資來達成人生目標，也需要先有本金才有辦法完成。

而在「現金流量支出表」中的各項分類，就是我們平常在記帳時會使用到的分類，通常可分為「生活支出」（食、衣、住、行、育、樂）」、「貸款」（償債支出）、「撫育支出」、「保費支出」、「投資」、「稅賦支出」、「雜項支出」等。有時候，光是記錄個人支出項目、每月（每年）占比，就足以讓自己察覺在消費習慣上的陷阱，或是造成警惕效果，自然而然就能帶來調整。

在有了包含收入與支出的完整現金流量表，就能夠進一步管理自己的財務狀況，是設定存錢目標、調整個人消費行為、規畫投資方式的基礎。

動手畫「現金流量收入表」

填寫說明：

在進行財務規畫時，常以「家庭」為單位，若夫妻同時有收入，就將兩人的收入都填入表中統計（即 186 頁的❶ A、B），才能更全盤了解家庭財務狀況是否健康。另外，針對收入的時間點，可再細分為❷「月度」與「年度」性質的收入。「月度」性收入是指每個月的固定收入，如每月薪資與每月伙食花費，而「年度」性收入則像是年終獎金等。

步驟 1

收入大多可分為「工作收入」與「理財收入」兩大類：

❸「**工作收入**」如每月固定的薪資，或是業績獎金、年終獎金等。

❹「**理財收入**」則是指透過投資所獲得的收入。例如：股票股利、基金配息，或房屋租金收入等。按時將兩大類收入填入表中所屬欄位。

步驟 2

運用 Excel 表設定公式來統計年度總收入，包含下列三種：

❺「**年收入小計**」是分別統計工作收入與理財收入的年度總和。公式可參考對照右表欄位，如 A 的「工作年收入小計」可設定為「=SUM（C3:C5）*12+SUM（D3:D5）」。

❻「**年收入合計**」則是統計個人的年度總收入（包含工作收入與理財收入）。公式可參考對照右表欄位，如 A 的「個人年收入合計」可設定為「=SUM（C6,C12）」。

❼「**家庭總收入**」即是以家庭為單位，加總 A、B 兩人收入的總和，也包括月度與年度。公式可參考對照下表欄位，如 A 和 B 的「家庭薪資月收入」

可設定為「=SUM（C3,E3）」。

❽即代表**整個家庭的年收入總和**。

❾各類收入下的「合計比重」，為各類家庭年收入占家庭總年收入的比列。

每個家庭成員最下方的❿「比重」即個人占家庭總收入的比例。

TIPS

累積財富，儲蓄比重 20% 起跳

　　剛出社會的年輕人，通常收入不高，最好仍要努力將儲蓄／投資的比重提高到 20%。而隨著年齡越高、收入越高，儲蓄的比重也要漸漸提高。此外，無論個人身處哪個階段，償債支出的比重都不應超過年度收入的 30%，才較有機會累積財富。

現金流量收入表

	A　　　　B	C	D	E	F	G	H
1	收入	❶A		B		❼家庭總收入	
2		❷月度	年度	月度	年度	月度	年度
3	❸工作收入　薪資				=SUM(C3,E3)		
4	❸工作收入　獎金						
5	❸工作收入　其他收入	=SUM(C3:C5)*12+SUM(D3:D5)					
6	❸工作收入　❺年收入小計						
7	❸工作收入　合計比重					=G6/G14	
8	❹理財收入　股票基金配息						
9	❹理財收入　不動產租金						
10	❹理財收入　營業收入						
11	❹理財收入　其他收入						
12	❹理財收入　❺年收入小計						
13	❹理財收入　合計比重	=SUM(C6,C12)					
14	❻年收入合計					❽	
15	比重	❿	=C14/G14				

動手畫「現金流量支出表」

填寫說明：

　　承上「現金流量收入表」的說明，下列支出也可以「家庭」為單位，將整個家庭的支出都填入表格中做統計（參見 189 ～ 190 頁）。各項支出上也可以再細分為「月度」與「年度」性質，「月度」性支出是指每個月的固定開銷，如每月伙食花費，而「年度」性支出則像是稅賦支出等。

步驟 1

　　一般而言，支出大多可分為下列七大類：

❶「生活支出」是與平日生活所需相關的皆屬之。

❷「貸款」可分為「消費性貸款」，如信用卡循環利息每月應繳金額或購物分期付款；「投資性貸款」指因投資所產生的貸款項目；另外還有「自用房貸」及「自用車貸」。

❸「撫育支出」是建議有小孩的家庭獨立列出的欄位，如小孩的教育費、補習費或保母費。

❹「保費支出」通常可分為「人身保險」，如壽險、醫療險等；「財產保險」如房屋火險等；「勞健保」多數公司都會在薪水中預扣，此欄目可省略不填。

❺「投資」主要是指每個月或是每年度固定會提撥金額的投資，如定期定額投資基金。

❻「稅賦支出」則因為一開始在填寫收入表時，薪資就已經扣除所得稅的部分，所以這裡只要填寫薪水中沒預扣的財產稅，如房屋稅、地價稅、燃料牌照稅等。

❼「雜項支出」如每年不固定的紅白禮金，或是偶爾的居家維修、採購家

電等。確立各種支出的項目後，按時填入表中所屬欄位即可。

步驟 2

運用 Excel 表設定公式來統計各類支出的總和，以及個人在各類別上的平均月支出。在各分類的「年支出小計」，公式可參考對照後表欄位，如 A 的「生活年支出小計」可設定為「=SUM（C19:C28）*12+SUM（D19:D28）」。加總所有分類的支出即可得❽「家庭年支出合計」（公式可設定為「=SUM（G29,G36,G41,G47,G53,G58,G64）」）。而個人在各分類的「平均月支出」，公式可參考對照後表欄位，如 A 的「貸款平均月支出」可設定為「=C36/12」。

步驟 3

將前一張「現金流量收入表」的「家庭年收入合計」（參見 186 頁，G14），減去「家庭年支出合計」（C67），即可得出❾「家庭年度結餘」。

步驟 4

在每個分類底下，加入該類別支出的「占總收入比重」。公式可參考對照後表欄位，如❿「生活支出占總收入比重」即可設定為「=G29/G14」；而在❽家庭年支出合計下方，即可透過公式「=C67/G14」得出總支出占總收入的比例。這樣就能很容易判斷出自己／家庭，是否在某項支出上花費過高，幫助我們快速揪出財務漏洞。

現金流量支出表

	A	B	C	D	E	F	G	H
			\多A\多		\多B\多		家庭總收入	
17	支出		月度	年度	月度	年度	月度	年度
18								
19	❶ 生活支出	食：外食、食材						
20		衣：服裝、美容						
21		住：水電、瓦斯						
22		住：房租						
23		行：交通費、維修						
24		育：進修、買書						
25		樂：旅遊、休閒						
26		通訊：手機、市話		=SUM(C19:C28)*12+SUM(D19:D28)				
27		醫：醫療保健						
28		其他：孝親、奉獻						
29		年支出小計						
30		平均月支出						
31		❿ 占總收入比重						
32	❷ 貸款	消費性貸款						
33		投資性貸款						
34		自用房屋貸款	=G29/G14					
35		自用車子貸款						
36		年支出小計						
37		平均月支出						
38		占總收入比重						
39	❸ 撫育支出	子女教育費						
40		保母費	=C36/12					
41		年支出小計						
42		平均月支出						
43		占總收入比重						

（接下頁）

	A	B	C	D	E	F	G	H
44	❹ 保費 支出	人身保險						
45		財產保險						
46		勞保健保						
47		年支出小計						
48		平均月支出						
49		占總收入比重						
50	❺ 投資	基金						
51		股票						
52		其他						
53		年支出小計						
54		平均月支出						
55		占總收入比重						
56	❻ 稅賦 支出	所得稅						
57		財產稅						
58		年支出小計						
59		平均月支出						
60		占總收入比重						
61	❼ 雜項 支出	紅白禮金						
62		居家維護						
63		其他						
64		年支出小計	=SUM(G29,G36,G41,G47,G53,G58,G64)					
65		平均月支出						
66		占總收入比重						
67	❽ 家庭年支出合計							
68	占總收入比重		=C67/G14					
69								
70	❾ 家庭年度結餘		=G14-C67					
71	占總收入比重							

※「現金流量表」可至271頁查詢網址及掃描QRcode下載，以便自行複印、重複使用。

目標三年存下 150 萬的公務員夫妻

　　李先生與劉小姐結婚 20 年，20 年來，李先生與劉小姐都是頂客族，所以兩人想要花三年多存下 150 萬元，作為兩人未來的養老基金。為了達成每年大約要存 50 萬元的目標，他們開始詳細檢視家庭的收入與支出，好好理財以做好初步的準備。

　　他們以填寫「現金流量收入表」與「現金流量支出表」來檢視兩人的日常金流，首先在填寫「**現金流量收入表**」（參見 192 頁），有下列幾項發現：

- 李先生每月的稅後收入有 62,000 元，劉小姐則有 65,000 元，如果再加上年終獎金，他們的❶家庭年度工作總收入是 184 萬 1,500 元。
- 如果再加上「理財收入」，如兩人各自的銀行存款利息收入，則扣除所得稅後，❷家庭年總收入合計就是 185 萬 3,345 元。
- 在❸「比重」的部分可得知，他們的家庭收入來源約是李先生與劉小姐平均，李先生占家庭收入來源的 48.79%，劉小姐則占 51.21%。
- 從工作收入與理財收入的❹「合計比重」比較後可知，家庭收入來源有 99.36% 是來自於兩人的工作收入，僅有 0.64% 是理財收入，還好李先生與劉小姐均為公務人員，較沒有失業的風險，因此家庭收入應可穩定維持。

現金流量收入表

	A	B	C	D	E	F	G	H
1	收入		李先生		劉小姐		家庭 總收入	
2			月度	年度	月度	年度	月度	年度
3	工作 收入	薪資	62,000		65,000		127,000	
4		獎金		155,000		162,500		317,500
5		其他收入						
6		年收入小計	899,000		942,500		❶ 1,841,500	
7		合計比重	99.36%					
8	理財 收入	股票基金配息						
9		不動產租金						
10		營業收入						
11		其他收入		5,295		6,550		11,845
12		年收入小計	5,295		6,550		11,845	
13		❹ 合計比重	0.64%					
14	年收入合計		904,295		949,050		❷1,853,345	
15	❸ 比重		48.79%		51.21%		100.00%	

另一方面，他們也從「**現金流量支出表**」（參見 194 頁）中發現：

- 從表格中的❶「平均月支出」看到，每月在生活支出上，李先生平均花費為 27,800 元，劉小姐則是 34,900 元。光是生活支出的部分，每個月的家庭開銷❷「占總收入比重」為 40.6%。

- 計算各類支出小計的總和後，得出❸「家庭年支出合計」為 128 萬 800 元。

- 將前一張表中的「家庭年收入合計」，減去「家庭年支出合計」，得出❹「家庭年度結餘」為 57 萬 2,545 元。

- 李先生與劉小姐每月固定投資共 6,000 元，合計❺每年投資支出 72,000 元。加上年度結餘 57 萬 2,545 元，表示每年存下的金額為 64 萬 4,545 元（儲蓄率約為 35%）。

- 如果李先生與劉小姐希望花三年存下 150 萬元，相當於每年約要存下 50 萬元（儲蓄率約為 27%），從目前每年可存 64 萬多元來看，可以多存下 14 萬元。

現金流量支出表

	A	B	C	D	E	F	G	H
17	支出		李先生		劉小姐		家庭總收入	
18			月度	年度	月度	年度	月度	年度
19	生活支出	食：外食、食材	5,000		15,000		20,000	
20		衣：服裝、美容	500		4,500		5,000	
21		住：水電、瓦斯	1,800				1,800	
22		住：房租						
23		行：交通費、維修	4,200		1,500		5,700	
24		育：進修、買書			2,500		2,500	
25		樂：旅遊、休閒		60,000				60,000
26		通訊：手機、市話	500		500		1,000	
27		醫：醫療保健	800		900		1,700	
28		其他：孝親、奉獻	10,000		10,000		20,000	
29		年支出小計	333,600		418,800		752,400	
30		❶平均月支出	27,800		34,900		62,700	
31		❷占總收入比重			40.60%			
32	貸款	消費性貸款						
33		投資性貸款						
34		自用房屋貸款	25,000				25,000	
35		自用車子貸款						
36		年支出小計	300,000				300,000	
37		平均月支出	25,000				25,000	
38		占總收入比重			16.19%			
39	撫育支出	子女教育費						
40		保母費						
41		年支出小計						
42		平均月支出						
43		占總收入比重			0.00%			

（接下頁）

44	保費支出	人身保險		72,000		60,000		132,000
45		財產保險						
46		勞保健保						
47		年支出小計	72,000		60,000		132,000	
48		平均月支出	6,000		5,000		11,000	
49		占總收入比重	7.12%					
50	投資	基金	3,000		3,000		6,000	
51		股票						
52		其他						
53		年支出小計	36,000		36,000		❺ 72,000	
54		平均月支出	3,000		3,000		6,000	
55		占總收入比重	3.88%					
56	稅賦支出	所得稅						
57		財產稅						
58		年支出小計						
59		平均月支出						
60		占總收入比重	0.00%					
61	雜項支出	紅白禮金		8,700		4,700		13,400
62		居家維護		5,000				5,000
63		其他		6,000				6,000
64		年支出小計	19,700		4,700		24,400	
65		平均月支出	1641.666667		391.6666667		2033.333333	
66		占總收入比重	1.32%					
67	❸ 家庭年支出合計		1,280,800					
68	占總收入比重		69.11%					
69								
70	❹ 家庭年度結餘		572,545					
71	占總收入比重		30.89%					

從李先生與劉小姐一家的現金流量表看來，以三年的時間存下 150 萬元絕非難事，甚至可以提早達標，但是考量到李先生與劉小姐即將邁入老年生活，不可預期的醫療保健支出可能會逐年增高，礙於公務員的身分，無法透過其他管道賺取更高的收入，那麼只能從各項支出裡找出過度花費的部分，再從那些地方節流，已確保能更有餘裕的達成目標。

21

搞清楚負債比，
朝理想生活前進

「資產負債表」揭露個人的財務健全狀況

效仿企業檢視個人或家庭財務體質

研究過投資理財的人都知道，財務報表是企業經營良窳的指標，經營良好的企業，會建立一套健全、清楚的財務報表；而「資產負債表」則是會計上相當重要的財務報表之一，主要功能是用來表現企業在某一特定日期的財務情況和經營績效。

一般而言，資產負債表至少每年要結算一次，甚或一年結算好幾次，才能確實掌握企業的財務體質，若等到企業面臨倒閉時才結算，往往已經來不及了。人生也是如此，平時就透過資產負債表做好財務管理，才能及早發現漏洞，不會等到發生問題了，才叫天天不應、叫地地不靈。

結算資產負債，看清問題所在

現今一般的資產負債表，揭露的是企業在某特定日的財務狀況，主要包括**資產、負債與股東權益**等三大項目。資產負債表的英文稱為「Balance Sheet」，因此，表單的左邊欄位和右邊欄位必須平衡，也就是「資產」要等於「負債」加「股東權益」。

因此，按照**「資產＝負債＋股東權益」**的公式來看，企業的資產大於負債時，股東權益將呈正數，為淨資產，當負債越小時，股東權益越大，則企業實力越雄厚，股東越有利；反之，負債越大、股東權益越小，企業經營績效就有待改進。但是，一旦負債大於資產，股東權益將出現負數，呈淨損，顯示該公司經營不善，如果公司破產清算，股東投入的資金將血本無歸。

企業資產應等於負債加股東權益

資產負債表涵蓋的細項

在資產負債表（參見 200 頁）左邊列出的「**資產**」項目，表示公司資金的用途，並因用途不同又分為流動性的「流動資產」和非流動性的「固定資產」兩種資產形態。

流動資產包括：現金或銀行存款、應收帳款、應收票據、存貨、預付費用，以及隨時可以變現、預計持有期不超過一年的股票、基金、債券等短期投資等。

固定資產則指：企業用於生產或提供勞務、出租給他人，或因營運管理所需而持有，預計使用年限超過一年、具有「實物」形態的資產；簡單說，就是拿來作為生財工具的辦公室、廠房、店面、土地等有形資產。另外，投資其他企業的股票、購買長期債券、投資不動產等長期投資，也列屬於固定資產。

至於非營業用的閒置設備或廠房等，則列為「其他資產」。

在資產負債表的右邊，就是負債與股東權益，這個部分代表公司資金的來源。一般公司的資金來源可分為兩部分，一是「自有資金」（股東權益）、二是「外來資金」，也就是銀行借款等負債。

「**負債**」的種類大抵可分為兩類：其一是「流動負債」，指和企業日常營運活動有密切關係的應付帳款或費用，或是於一年內必須償還的短期銀行借款、應付票據、應付利息，或是在一年內將到期的長期借款等。另外，就是到期日在一年以上的銀行借款、應付公司債等長期負債和其他負債。

「**股東權益**」則是總資產扣除負債後的部分，也稱為「淨資產」，內容包括：股本、資本公積（投資者在所持有股本之外的資本投資）、未分配盈餘（或未彌補虧損）等。

某公司資產負債表

單位：千元

資產	金額	負債及股東權益	金額
流動資產		流動負債	
現金及約當現金	2,377,723	短期借款	1,379,987
短期投資	1,591,519	應付款項	782,085
應收帳款及票據	784,953	流動負債總計	2,162,072
其他應收款	208,132	長期負債	
存貨	1,299,546	長期借款	2,040,000
預付費用及預付款	58,658	長期負債總計	2,040,000
其他流動資產	317,403	負債總額	4,202,072
流動資產統計	6,637,934		
固定資產		股東權益	
長期投資	7,300,518	普通股股本	9,221,300
土地等固定資深	1,131,505	累積未分配盈餘（虧損）	2,081,082
其他資產	434,497	股東權益總額	11,302,382
固定資深總計	8,866,520		
資產總額	15,504,454	負債及股東權益總額	15,504,454

表示公司資金的用途

表示公司資金的來源

左右兩邊的數字要相等

動手畫「資產負債表」

經營自己的人生或是經營一個家庭，就像經營企業一樣，必須要誠實、慎重地列出一份清楚而詳實的資產負債表，才能真正釐清自己的人生／家庭到底是資產大於負債？還是負債大於資產？

利用企業用的「資產負債表」（參見 202 頁），徹底盤點家庭資產，能有效出財務缺口，重新規畫財務目標，建立更安全的財富堡壘。

填寫說明：

步驟 1

比照公司資產負債表的編製原則，個人或家庭資產負債表左邊的資產項目，就是你擁有可以變現為金錢價值的東西，右邊則是要從你口袋拿出去的錢。

步驟 2

將總資產（A）減除總負債（B）所得，即代表你個人或家庭帳面上的淨資產。

步驟 3

將自己和家人的銀行存摺、保險單、銀行基金買賣對帳單、證券存摺、房地契、珠寶、黃金等，都拿出來加以盤點，並填入表中，以衡量個人或家庭的財務狀況。表單中的項目，可視個人／家庭情況，自行增刪修改，以確實呈現個人／家庭財務的面貌。

家庭資產應等於負債加淨資產

資產	負債
	股東權益

家庭資產負債表

資產	金額	負債	金額
流動資產		流動負債	
現金／活存		信用卡應付款	
定存		消費性貸款	
股票與基金		未付清分期付款	
流動資產統計		短期負債總額	
固定資產		長期負債	
房地產（市值）		房屋貸款	
固定資深總額		汽車貸款	
其他資產		保單貸款	
汽車（現值）		長期負債總額	
黃金、外幣、股票等			
其他資產總額			
總資產（A）		總負債（B）	
淨資產（A）－（B）			
負債化（B）÷（A）			

※「資產負債表」可至271頁查詢網址及掃描QRcode下載，以便自行複印、重複使用。

驚見家庭負債比逾 90%！

　　郭先生家裡擁有數 10 萬元的現金、定存及股票等流動資產，和自用住宅、汽車等固定資產，以及信用卡欠款、房貸、車貸等長短期負債。郭先生按照資產負債表的格式，一一羅列，再把總資產減去總負債，即得出目前家庭資產負債的情況，結果是僅有 60 萬元的淨資產。

　　從一份記錄詳細的資產負債表（參見 204 頁），可以清楚看出一個人或家庭的財務狀況。**如果總資產減總負債是正數，表示有淨資產。換言之，總資產就是負債＋淨資產。當負債越高，淨資產就越少；反之，負債越少，則家庭淨資產就越高。**

　　資產負債表也可以計算出負債和資產的比率，進而檢視負債比是否太高。由郭先生的家庭資產負債表來看，長短期負債總計占總資產比率高達 90% 以上，明顯負債比率過高。

　　此外，在資產負債表中，也可以就各項資產的比率做檢視。例如流動性資產和非流動的固定資產占總資產比率的情況，或固定資產比率過高，則可能資產變現能力很差，在有資金急用需求時，就會有變現上的風險。

　　又如短期負債通常利率較高，若短期負債比率過高，即可能導致利息支出壓垮財務負擔，因此要想辦法趕快償還或轉為長期負債等，讓資產或負債等財務狀況都能更穩健。

郭先生家庭資產負債表

2023/02/01　單元：元

資產	金額	負債	金額
流動資產		流動負債	
現金／活存	100,000	信用卡應付款	200,000
定存	200,000	消費性貸款	300,000
股票與基金	200,000	未付清分期付款	0
流動資產統計	500,000	短期負債總額	500,000
固定資產		長期負債	
房地產（市值）	6,000,000	房屋貸款	5,500,000
固定資深總額	6,000,000	汽車貸款	400,000
其他資產		保單貸款	0
汽車（現值）	500,000	長期負債總額	5,900,000
黃金、外幣、收藏品、比特幣等	0		
其他資產總額	500,000		
總資產（A）	7,000,000	總負債（B）	6,400,000
淨資產（A）－（B）			600,000
負債化（B）÷（A）			91.43%

22

做好理財計畫，
離夢想越來越接近

「理財明細表」藉由數字化管理合理促成達標

攤開投資情況以調整實踐方式

　　想留學、想買車、想買房、想結婚、想退休、想環遊世界……，這些是許多人都曾經有過的人生夢想，甚至期待同時達成以上願望。然而，多數人一想到圓夢所需要的龐大資金就心生畏懼，或是努力了一陣子後就半途而廢，過了好幾年還是離夢想依然遙遠。

　　事實上，從記帳開始進入理財的第一步，再設定明確的理財目標、規畫確實可行的實踐計畫，夢想就不再是遠在天邊。如同透過現金流量表、資產負債表來幫助自己整頓財務規畫，針對各種需要經費實現的夢想，也可以透過表單視覺化的管理，來幫助自己找出完成各種夢想所需要的費用，再進一步訂定累積資金的計畫，而能更省力地按照計畫走，有效達成目標。

整合理財目標，方向更明確

夢想很多，但每個人的資源與財務能力皆有限，所以更需要找出適合自己的理財方法。一旦進入認真理財的階段，第一步就是必須將夢想具體化。例如「想去英國打工度假」，即可透過下列方式將目標具體化：

· 目標：我想去英國打工度假。

→具體化 1：在兩年內存下 20 萬元，作為去英國打工度假的準備金。

→具體化 2：我想在兩年內存下 20 萬元，作為去英國打工度假的準備金，所以每年要存 10 萬元。

將目標具體化的目的，在於將夢想換算成實現它所需要的金額，進而根據此數字設定達成方式，也能更明確知道，自己該準備多少資金才夠用，並判斷目標是否訂得太高。此外，當同時有多個理財目標，將所有目標記錄在一起，一併進行投資規畫，經常檢視與調整，才是真正有助於落實計畫的方式。

定期檢視、彈性調整才實際

「理財明細表」包括用來記錄各項夢想的「**理財目標紀錄表**」、攤開個人投資細節的「**投資明細表**」，與可檢視與調度達成進度的「**資金累積表**」，可以幫助我們落實理財目標。

首先，建立一張「理財目標紀錄表」，將已明確具體訂定的目標記錄下來，在規畫投資時，就能有明確的數據可參考；接下來，即可針對所設定的目標、預估需求的資金，運用「投資明細表」來檢視自己現有的投資狀況；最後，則可以運用「資金累積表」來依據現有投資情形，進一步針對理財目標追蹤準備情況，並估算當下和未來的目標達成率。

下面直接透過表單，說明藉由規畫，在一定時間內達成目標、實踐夢想。

動手畫「理財明細表」

填寫說明：

步驟 1

　　運用「理財目標紀錄表」彙整所有理財目標，依最想完成的「順序」填入「名稱」（如買房頭期款、買中古車），並在「現值」填入目前完成該目標需要的資金，及需花多少「時間（年）」完成（如三年後）；「通膨」則是考量到物價會受通貨膨脹的影響（如：現在的 1 萬元，10 年後的價格可能不只 1 萬元）；計算出未來預計的金額，填入「終值」（可設定公式，如❶第 1 項目標的終值為「=C2*（1+E2）^D2」，其中「^」表示「指數」，即〔C2*（1+E2）〕的 D2 次方）。

理財目標紀錄表

	A	B	C	D	E	F
1	順序	名稱	現值	時間（年）	通膨	終值
2	1					❶ =C2*(1+E2)^D2
3	2					
4	3					

步驟 2

　　藉由「投資明細表」（參見下圖）檢視現有投資的整體狀況。首先填入可投入理財的資產，包括：在「生息資產」欄位，填入目前所有存款和所有投資現值的總和。 在「月結餘 + 月投資金額」則填入每月收入減去支出後的餘額，再加上每月用於投資的金額。

步驟 3

　　填寫從過去到現在在投資上累積的「投入本金」、這些資金目前本利和的「目前淨值」，以及「已投入年數」，進而換算為過去投資的「年化報酬率」（即在❷ B6 儲存格內輸入「=B4/B3＾（1/B5）-1」）。

　　年化報酬率＝（目前淨值／投入本金）＾（1／已投入年數）－ 1

投資明細表

	A	B	C	D	E
1	生息資產				
2	月結餘+月投資金額				
3	投入本金				
4	目前淨值		=B4/B3＾（1/B5）-1」		
5	已投入年數				
6	年化報酬率	❷			
7	目標1	已累積投入資金		定期定額金額	
8	目標2				

步驟 4

在「已累積投入資金」和「定期定額金額」填入預計提撥給各項目標的金額。「已累積投入資金」是從生息資產中所提撥出來,可自行分配給各目標的資金,所有目標的資金加總絕不能超過生息資產;至於各目標的「定期定額金額」則是從月結餘+月投資金額而來,因此所有目標的定期定額總和,也絕不能超過此數值。

步驟 5

接下來,在「投資明細表」下方接著畫可定期檢視與調整資金準備狀況的「資金累積表」(參見 210 頁):在「應備」部分,將「理財目標紀錄表」的資訊直接代入即可。在「已備」部分,「單筆投資金額」就是將「已累積投入資金」單筆投入的意思;「平均年化報酬率」指預估每年可達到的報酬率,可視之前的投資績效而定;「現在目標達成率」=單筆投資金額/所需資金總額。

步驟 6

在「到期情況」部分,首先完成「未來預計可累積金額」:

未來預計可累積金額=單筆投資金額未來累積金額+定期定額金額未來累積金額

亦即在 ❸ H13 儲存格內輸入「=FV(F13,D13,0,-E13)+FV(F13/12,D13*12,-E7,0)」。

有了「未來預計可累積金額」後,就能進一步推估出「缺口」和「預期目標達成率」,才能知道現在應該再補齊多少準備。

缺口=所需資金總額-未來預計可累積金額

預期目標達成率=未來預計可累積金額/所需資金總額

資金累積表

	A	B	C	D	E	F	G	H	I	J	K	L
11	應備				已備			到期情況			需增加準備	
12	順序	名稱	所需資金總額	預計準備時間（年）	單筆投資金額	平均年化報酬率	現在目標達成率	未來預計可累積金額 ❸	缺口	預期目標達成率	單筆投資金額 ❹	定期定額金額 ❺
13					=C7	=B6	=E13/C13	=FV(F13,D13,0,-E13)+FV(F13/12,D13*12,-E7,0)	=C13-H13	=H13/C13	=-PV(F13,D13,0,I13)	=-PMT(F13/12,D13*12,0,I13)
14												

※以上三張「理財明細表」可至271頁查詢網址及掃描QRcode下載，以便自行複印、重複使用。

步驟 7

　　假使有目標缺口，就得計算「需增加準備」，其方式又分成單筆投資和定期定額兩種。

　　計算應補齊多少「單筆投資金額」，只要在圖中框選出的位置輸入對應的公式：

單筆投資金額＝ -PV（平均年化報酬，預期準備年數，0，缺口）

　　也就是在平均年化報酬率之下，現階段應單筆投入多少金額才能補齊資金缺口，因此可在❹ K13 格內輸入「＝ -PV（F13,D13,0,I13）」。

　　若要以「定期定額金額」的方式補齊資金缺口，也是依照平均年化報酬率來計算，差別在於，由於定期定額每期是 1 個月，因此預期準備年數要換算成預期準備月數，如果是 10 年，就要乘上 12 變成 120 個月。平均年化報酬率也要除以 12 個月，變成平均月報酬率：

定期定額金額＝ -PMT（平均每月報酬率，預期準備月數，0，缺口）

　　因此可在❺ L13 儲存格內輸入「＝ -PMT（F13/12,D13*12,0,I13）」。

五年後入手宜蘭新成屋

蘇先生與曾小姐剛新婚，而立之年的兩人已工作多年，皆有穩定的收入，想要趁還沒有小孩前，先買下屬於自己的方子，他們先將夢想具體化、變成可實現的目標，兩人開始思考：

1. 要買什麼樣的房子？預售屋？中古屋？新成屋？
2. 要在幾年後買房？
3. 要買多大的房子？
4. 要在什麼地方買房？

在思考這些問題的過程中，蘇先生與曾小姐進一步蒐集房價訊息，並且彙整個人的需求，漸漸將理財目標具體化：

· 我們想買房

→我們想買一間新成屋。

→我們五年後要買一間新成屋。

→我們五年後要買一間 48 坪的新成屋。

→我們五年後要在宜蘭買一間 48 坪的透天厝新成屋。

由於經濟能力、居住環境、空間、交通等考量，蘇先生與曾小姐最後決定在宜蘭縣蘇澳鎮馬賽交流道附近買透天厝新成屋，當地每坪行情約 18 萬元、48 坪房屋總價為 860 萬元左右，以通常房屋貸款可以貸款七成來看，至少需要準備「260 萬元的買屋頭期款」，之後就需依此目標累積需要的資金。

在設下明確的理財目標「五年後在宜蘭買一間 48 坪的透天厝新成屋」後，他們在理財目標紀錄表中依序寫下：

- 在❶「順序」的❷「名稱」處填入買屋頭期款。
- 將該目標具體化得出的金額❸「現值」填入 260 萬元。
- 在目標實現的❹「時間（年）」填入五年。
- 填入❺「通膨」後，Excel 會自動計算出該目標的❻「終值」。

蘇先生與曾小姐的理財目標紀錄表

	A	B	C	D	E	F
1	❶ 順序	❷ 名稱	❸ 現值	❹ 時間（年）	❺ 通膨	❻ 終值
2	1	買房頭期款	2,600,000	5	0%	2,600,000
3	2					
4	3					

　　蘇先生與曾小姐在填妥「理財目標紀錄表」、著手投資一年後，運用「投資明細表」與「資金累積表」來檢視自己目前的資金準備情況。他們的填表順序如下：

- 先填寫「投資明細表」（參見 214 頁）。在❶「生息資產」有 80 萬元、❷「月結餘＋月投資金額」25,000 元。
- 投資一年下來，❸「投入本金」累積 30 萬元、❹「目前淨值」達 32 萬 3,000 元，而❺「已投入年數」即為一年，並計算出❻「年化報酬率」為 7%。
- 蘇先生與曾小姐從生息資產中，提撥 50 萬元作為買房頭期款的預備金，因此將❼「已累積投入資金」設為 50 萬元，並在❽「定期定額金額」填入 25,000 元，預計將每月結餘都提撥為購屋金。

蘇先生與曾小姐的投資明細表

	A	B	C	D	E
1	生息資產	❶ 800,000			
2	月結餘+月投資金額	❷ 25,000			
3	投入本金	❸ 300,000			
4	目前淨值	❹ 323,000			
5	已投入年數	❺ 1			
6	年化報酬率	❻ 7%			
7	目標1	已累積投入資金	❼ 500,000	定期定額金額	❽ 25,000
8	目標2				
9	目標3				

- 接下來，他們開始填寫「資金累積表」。在「應備」的部分，填入❶ 買房頭期款 260 萬元，以及預計花❷五年時間做準備。

- 在「已備」部分，單筆投資金額＝已累積投入資金❸ 50 萬元、平均年化報酬率假設和過去的投資報酬率相同，設定為❹ 7%。

- 「到期情況」部分，依公式計算出到期時，❺預計可累積金額為 228 萬 9,960 元，和需求的 260 萬元間，❻缺口有 31 萬 40 元。

　　因此，他們從❼「需增加準備」中計算出，如果想要補齊這個缺口，可以選擇（1）現在增加單筆投資 79,836 元，或是（2）每月定期定額增加 1,519 元。

蘇先生與曾小姐的資金累積表

	A	B	C	D	E	F	G
11			應備			已備	
12	順序	名稱	所需資金總額	預計準備時間（年）	單筆投資金額	平均年化報酬率	現在目標達成率
13		買房頭期款	❶ 2,600,000	❷ 5	❸ 500,000	❹ 7%	11%
14							

	H	I	J	K	L
11		到期情況		❼ 需增加準備	
12	未來預計可累積金額	缺口	預期目標達成率	單筆投資金額	定期定額金額
13	❺ 2,289,960	❻ 310,040	88%	79,836	1,519
14					

五

生活篇

日常大小事
井井有條好安心

三張圖表，安排生活省心更省力！

- 檢核表：設計你的人生表單，一一勾選不遺漏
- **ABC分類法**：排列順序，把時間花費在美好的事物上
- 路線與費用規畫表：確定旅遊行程與預算就能開心玩樂

23

釋放大腦空間，
成為改變人生的契機

「檢核表」確認必要事項一點都不少

事情一大堆也妥妥不遺漏

　　小到出國前列的行李準備清單、必買採購清單，或是買屋必備的房子點交驗屋清單，甚至大到人生夢想清單、遺願清單……；當要做的事情一大堆，很容易一邊做這件，心裡卻想著那件，或怕自己忘了，常常中斷做到一半的事，先插進別的想到的事……，結果事情一件件互相干擾，最後什麼都做得零零落落。這時，不妨列張清單，把要做的事統統寫下來，也就是做一張「檢核表」（checklist），以便一一檢查核對，成為最實用的人生表單。

以表單取代記憶，做事專注有效率

　　其實，人們會使用檢核表，就是因為記憶力有限，怕事情忙中有錯導致混

淆，或是事情過於繁雜瑣碎，很容易疏漏導致不夠完備，才需要使用檢核表協助我們清點事物。

此外，當我們把事情化為具體文字後，大腦就不須費力記憶，而能釋放腦力用於更高功能的活動，比如思考執行策略或發揮創意。尤其像是與長期計畫有關的願望清單，人們常忙於日常生活而不易記住，更可以不時拿出來檢視，亦可能成為改變人生的契機。

檢核表簡單好用的特性，讓它成為全世界應用最廣泛的記錄表單，從個人、家庭、企業到軍隊後勤的不同層面，都看得到這張表單的蹤跡。

檢核表具有「檢查」與「核對」的一覽表概念，最簡單的面貌，就是「兩欄式」的表格，一欄代表事物項目，另一欄則代表針對該項目檢核過的符號紀錄（例如：○、✓、△、✕）。當項目多時，可以再加以分類歸納，並依檢核項目的特性增加不同欄位，後面將加以說明。

動手畫「檢核表」
填寫說明：
步驟 1

將事物項目進行「集中」（參見 221 頁），並反覆檢查是否都已齊備，是否仍有尚未納入的項目。為了達到這個目的，有時還需事先蒐集資料，尤其性質較複雜的主題（如：購買二手車的注意要點），除了自己的認知外，更需要多參考專家的說法，才會較為周延。

步驟 2

將所有納進來的項目進行「分類」。當項目越多或越複雜，越需要分類（如：將主題分為 5 大類與 30 小類）。在分類過程中，謹記 MECE（彼此獨立，

互無遺漏）的分類原則，不要讓同一項目有所重複，或是在某一類別中，有應納入而未納入的項目。

此外，如果是清點物品，就需要另設一欄註明「數量」（如：6罐、8條），以利井然有序地對檢核表主題實施分類式總體檢，避免混亂。

步驟 3

定義記錄用的「檢核符號」。通常，會用「○」來表示該項目已存在或準備妥當，「×」表示該項目不存在或尚未準備好，「△」則表示已存在但還須改進的項目。當然，你也可以自創你想定義的符號類別（完全由你決定），但符號種類不宜過多，2～4種應已足夠，以簡明易懂為原則。

步驟 4

當上述流程都想好後，就可以開始製作檢核表，先定義好「欄位」，接著就能向下展開表格，填入相關類別與項目名稱。

檢核表製作流程

1
集中事物項目

2
分類

（MECE原則）

3
定義檢核符號

類別	小分類	序號	項目	檢核

※「檢核表」可至271頁查詢網址及掃描QRcode下載，以便自行複印、重複使用。

向分心喊停的減法工作學：「不要做清單」━━━━

專注目標是有效領導的第一個條件，但領導者不只必須鼓勵良好行為，還得阻止不良行為，也就是「排除狗屁倒灶的事」。然而多數人常忽視這一個教訓，總是被不重要的事情影響而分心。究竟該怎麼做才能消除那些有損績效的無意義任務呢？這個問題，讓班・法蘭西斯（Ben Francis）從根本重新評估了自己在公司中的角色。

法蘭西斯的職業生涯是近年來商界最成功的故事之一。法蘭西斯十幾歲時迷上了阿諾史瓦辛格的舉重影片，18 歲時，他注意到市場上很難找到一件能展示他肌肉的襯衫，到他讀大學時，他已經開始把 T 恤撕成背心，並在上面印上商標——一條舉槓鈴的大白鯊。

2012 年，法蘭西斯創立了 Gymshark，銷售襯衫。早期公司的技術含量很低，但很受健身網紅歡迎，粉絲們很快就開始詢問這些衣服是在哪裡買的。那是 2013 年，社群媒體的「網紅行銷」還處於早期階段，但這正是法蘭西斯所開創的事業。接下來幾年 Gymshark 飛躍成長，到 2021 年 Gymshark 每年銷售兩千萬件商品，價值超過 10 億英鎊。

然而，在這段時期的大部分時間裡，法蘭西斯並不是公司的執行長。這是因為法蘭西斯決定——停止做那些對團隊不利的事。

法蘭西斯意識到，執行長職位中有一些他需要去除的元素，這是在 Gymshark 招聘了兩名高階同事之後發現的。史蒂夫・休伊特（Steve Hewitt）是一位比法蘭西斯大近 20 歲的商人，他加入 Gymshark 擔任董事總經理，並改變了公司的營運；保羅・理查森（Paul Richardson）則就任董事長，「他真的在考慮商業結構，」法蘭西斯說。這兩人讓他領悟到：「他們在我不擅長的事情上很出色。」所以法蘭西斯做了一件激進的事。2017 年，法蘭西斯將執行長一職轉交給休伊特，他則專注於喜

歡的事情上。他的決定為他贏得了巨大的讚譽，法蘭西斯入選富比士「30位 30 歲以下精英榜」（Forbes 30 Under 30），並在 2020 年獲得英國最佳企業家獎。

我們能從法蘭西斯的決定學到什麼？

首先，好的領導者不要求絕對的控制，他們會授權，有時甚至會放棄權力。法蘭西斯曾說：「**你需要把自我放一邊，確保業務永遠是第一位，讓每個職位上最強大的人都在這些職位上。**」

其次，我們應該專注於擅長的事。就法蘭西斯而言，讓休伊特擔任執行長，「讓我可以專注於我擅長的事，也讓史蒂夫可以專注於他擅長的事──把業務放在首位，讓業務更快地增長，」他如此說道。

2021 年夏天，法蘭西斯決定重新擔任 Gymshark 執行長，但這一次他準備好了。這一切都是因為他在四年前後退了一步，這個過程讓他得以反思、學習和進步。**這一切都取決於知道什麼時候該放棄。**

動手畫「不要做清單」

填寫說明：

這個練習提供了實用的方法，可以省去那些無關緊要的任務。它的靈感來自當代管理大師詹姆·柯林斯（Jim Collins）所說的「停止做清單」。

步驟 1

把過去一週裡你所完成的所有事情都寫下來，重點放在耗時超過一個小時的任務上，並將結果填入❶重點工作事項欄。

步驟 2

接下來，仔細瀏覽這份清單，為它打分數，看看它與你的目標有多吻合，越吻合者分數越高——或者，更好的是，給你的 BHAG（Big, Hairy and Audacious Goals，宏偉、艱難和大膽的目標）打個分數，接著把分數填入❷欄位。

這些分數可以構成你「不要做清單」的基礎，然後你可以根據評分將任務分成三類。

步驟 3

檢查「不要做清單」裡各項工作，依據分數不同分成以下三類：

- **1～3分**：停下來。如果一項任務對你的目標沒有任何幫助，問問自己是否可以停止做它。你真的應該再刷你的 Instagram 嗎？
- **4～7分**：委託他人。如果一項任務不可避免，但顯然對你的目標沒有幫助，試著找出是否有辦法將它從你的待辦事項列表中刪除。你能把它委派給團隊的其他成員嗎？或者，如果你在企業工作，你能把任務委外嗎？

- **8 ～ 10 分**：專注於它。如果一項任務在這上面，它應該占據你大部分的工作時間。有沒有辦法把這些工作安排到你的輪值表中，比如說，每週抽出時間來做這些工作？

步驟 4

　　有時會有例外，例如有些任務既毫無意義又無法避免，可以將這些任務填入❸「例外事項」欄位，但這些任務執行的順序可以排在重要事項之後。

不要做清單製作流程

重點工作事項	分數
❶	❷
❸ 例外事項	

※「不要做清單」可至271頁查詢網址及掃描QRcode下載，以便自行複印、重複使用。

完整清單助攻登雪山東峰

周先生一家人熱愛戶外運動，一家四口預計在暑假登上雪山東峰。雖然已經有不少登山經驗，但這次第一次挑戰在戶外過夜，他們事先做了不少功課。

上網搜尋資料、觀看戶外型 YouTuber 的經驗分享後，他們也實際到戶外用品店購買適合自己的登山用具，在行前整理出一份「檢核清單」，打算在打包背包時拿出來一一核對，確保有把物品帶齊，能夠快快樂樂出門、平平安安回家，期待一家人在雪山東峰上留下美好的回憶。

登山行前檢核清單

類別	小分類	序號	項目	檢核			
				爸	媽	姐	妹
1.食	1.1 三餐	1.1.1	白米1公斤				
		1.1.2	烏龍麵條2包				
		1.1.3	乾燥蔬菜				
		1.1.4	肉罐頭				
	1.2 行動糧	1.2.1	鹽糖				
		1.2.2	餅乾				
2.衣	2.1外層	2.1.1	風雨衣				
	2.2中層	2.2.1	化纖外套				
	2.3底層	2.3.1	羊毛衣（穿一帶一）				
	2.4內衣褲	2.4.1	內衣褲（穿一帶一）				
	2.5防曬	2.5.1	遮陽帽				
		2.5.2	袖套				
3.住	3.1住宿地	3.1.1	登記七卡山莊住宿				
	3.2 睡覺用品	3.2.1	蛋殼睡墊				
		3.2.2	睡袋				

未完成事項的改善管理 ▬▬▬▬

檢核表除了作為基本的清點用途外，也可以進一步把「事情的完成與否」列入檢核項目，甚至在右方增加「提醒」欄位，以便於檢核到尚未完成的事項時，可以針對該項目進行後續的控管，形成如下的表格。

此外，為了配合檢核符號的評比標準，這種檢核表中的項目語句描述，應使用正向的肯定用語。例如下例中即寫「登記七卡山莊住宿進度」，而非否定句或疑問句的描述（如「登記七卡山莊住宿是否完成？」），才不會造成檢核評比上的困擾。

未完成事項檢核清單

類別	小分類	序號	項目	檢核		提醒
3.住	3.1 住宿地	3.1.1	登記七卡山莊住宿進度			前兩週於 網頁確認

一張表趕走你的時間小偷

書祐是忙碌的上班族，但他很有抱負，希望在工作的同時持續進修，因此打算報考母校的在職專班，拿一個碩士學位。

上網查了考試資料後，書祐很有衝勁的把所有參考書都買齊，打算利用下班時間唸書。但說起來容易做起來難，真開始要唸書時，書祐這才發現他常因為上班時間處理不完公事，導致下班後還得常常抽時間在家加班。這樣，該怎麼圓夢呢？

書祐認為，自己上班時浪費許多時間處理無意義的事，因此與其列待辦清單，不如列一個「不要做清單」，好好斷、捨、離瑣碎的雜事，為自己節省出寶貴的時間唸書。

- 首先，訂下一個目標，書祐的目標是「讓工作更有效率」，接著回想過去一週每天上班做的大小瑣事，將任何花費自己超過一小時的事項，通通寫入❶重點工作事項欄位中。
- 為這些事項評分，越能幫助自己提升工作效率的事項分數越高，並將這些分數列入❷分數欄中。

仔細回想上班時花最多時間處理的事，書祐才驚覺自己花了許多時間在「分心」上，例如三不五時滑一下手機、查看 Line 訊息，寫不出報告時就會點開新聞網瀏覽新聞，或是看個 Instagram、臉書、YouTube 影片，連去茶水間泡個咖啡都可以花上半小時。

為這些事項評分後，書祐將 1 至 3 分的事項列為「不要做」事項。他發現手機是導致自己分心的罪惡淵藪，因此一上班，就把手機鎖在抽屜裡，直到

下班才拿出來。雖然 Line 的訊息也讓書祐花了不少時間回覆，但由於公司主管會在 Line 上交代任務，Line 也是與同事聯繫的必要管道，因此書祐無法不使用 Line，但他將 Line 傳訊這件事列在❸例外事項中，這樣就能時時提醒自己除了公務外，上班不要用 Line 與朋友聊私事。

有了不要做清單，書祐現在懂得將心力聚焦在 8 至 10 分的任務上，終結拖延，實現高效能，讓自己朝報考研究所的終極目標向前邁出一大步。

商業暢銷書《80/20 法則》（參見 67 頁），80％的結果來自 20％的努力，但這也表示 80％的時間通常都被浪費在與目標無關的小事上。分心就是最大的時間小偷，只有當你意識到自己正在做不該做的事，你才可能奪回這些被偷走的時間，而時間，正是人生最寶貴的資產，不是嗎？

書祐的不要做清單

	重點工作事項	分數
❶	看私人郵件信箱	❷ 3
	上網看新聞	1
	開會	8
	製作專題報告	10
	滑手機	1
	企劃案資料蒐集	0
	❸ 例外事項 Line傳訊	

24

整理你的人生排序，
將時間花在喜歡的事物

「ABC 分類法」評定好程度就能安排順位

想要的東西好多，分級就清楚下決定

物料庫存管理上的「ABC 分類法」，也稱為「重點分類管理法」，其與艾森豪矩陣（參閱第 6 章，61 頁）、80/20 法則（參閱第 6 章，67 頁）概念相近。

ABC 分類法是由義大利經濟學家維爾弗雷多・帕累托發想其概念，因在研究個人收入的分佈狀態時，發現其中的關聯性，其思考核心是在事件的眾多來源中清楚分辨主要及次要原因，再加以判別對於該事件的較多及較少影響。

在現代常使用於企業界的物流與庫存管理，將存貨依照「項目／數量」與「價值」高低分為 A、B、C 三個等級來控管；A 級品的價值最高，需要充分管理，時時掌握其庫存狀態，C 級品價值最低，有必要時再盤點即可。重點在

於將存貨分類後，充分掌握 A 級品的庫存狀態與動向，應用在時間管理上，則能以工作的重要性來分 A、B、C 級，作為優先處理或不同應對方式的依據。

ABC 分類法概念解說

存貨等級	A	B	C
項目／數量	少	中	多
價值	高	中	低
控管方式	貢獻度最大，須嚴密控制	例行的記錄與管理，定期檢查即可	偶爾抽檢庫存即可

除了工作上的運用，此概念也能實現於生活日常之中，例如規畫旅遊地點。只要透過圖表方式書面化，就能更容易安排行程、做出決定，讓一切在遵循一定的準則下，可以快速而有效地安排，不僅能符合個人化的需求，也有更大的彈性，並帶來更高的成就感。

分級排序，把時間花在對的景點

規畫旅遊行程的第一步，顧及每個人的主要考量可能不同，但不外乎包括下列幾個方向：

- 要去幾天？
- 想去哪裡？
- 人數與成員？
- 主要交通方式？
- 旅遊的形式？
- 預算大約多少？

如果實在不太有概念，也可以先從旅行社、旅遊網站、部落格、社群媒體、旅遊雜誌與相關書籍等來源，蒐集旅遊資訊。在決定好時間、人員、預算範圍等主要因素後，決定旅遊地點就成了重頭戲，也可能是最多人容易猶豫不決之處；此時，即可利用一張以 ABC 分類法為概念的「景點分級表」來協助自己做出決策。

在蒐集資訊的過程中，將想去的旅遊地點分為三組：

A 組是一定要去的自然景點或人文勝地，B 組與 C 組則是候補名單；其中，B 組名單的旅遊意願低於 A 組，但高於 C 組，C 組是三組旅遊地點中，旅遊機率最低，但仍可列入參考的組別。這三組的功能是在這趟旅行中，如果當日遊完 A 組的地點後還有空檔，就可將 B 組地點作為臨時插入的行程之一，而當 B 組名單都用完後，再考慮 C 組的旅遊地點。

動手畫「ABC分類法」
填寫說明：

步驟 1

在設計上，先將表格分為三欄，自左至右依序為 A、B、C 三組，A 組的待填空格最多，其次為 B 組，C 組則最少。因此，在外觀上，可看到這是一張從左下方斜向右上方的表格。

步驟 2

將蒐集到的想去地點分為 A、B、C 三組，分別填入表單中。填完後可進行整體的檢視、調整，完成後即可依此結果再進行路線與費用等細節規畫。

ABC 分類法

A. 優先選項（必遊地點）		B. 第二選項	C. 第三選項

規畫方向

將 A 地點依序排入 238 頁
「旅遊路線與費用計畫表」的
「地點名稱」中。

※「ABC分類法」可至271頁查詢網址及掃描QRcode下載，以便自行複印、重複使用。

來一趟七天的日本東京自助旅行（之一）

　　謝先生一直希望能與女友一起去東京進行為期七天的自助旅行，今年終於兩人都有時間可以出發，接下來就是好好規畫行程，希望能留下難忘的回憶。

　　謝先生與女友在行前參考了許多旅遊資訊，也挑選了兩人都想去的地點，他運用「ABC 分類法」表格依兩人的喜好與興趣，將想去的諸多地點分為 A、B、C 三組，再將這些地點分別用不同的◎、○、△符號標記，以示區別。

　　在初步挑出地點之後，謝先生就能以這張景點清單為根據，與女友討論下一步要怎麼安排了！

謝先生的景點 ABC 分類表

A. 優先選項（必遊地點）	B. 第二選項	C. 第三選項
◎ 東京迪士尼樂園	○ 東京鐵塔	△ 箱根
◎ 東京晴空塔	○ 上野公園	△銀座
◎ 新宿御苑	○ 鎌倉、江之島	
◎ 淺草寺	○ 下北澤	
◎ 河口湖、富士山		

規畫方向

25

排定行程與花費，
出遊最安心

「路線與費用規畫表」既省荷包又免走冤枉路

列出清單，吃喝玩樂花錢不透支

　　許多人雖然很嚮往去陌生的地方自助旅行，對景點也很有自己的想法，但對於是否要跟團還是猶豫不決，畢竟從來沒去過，尤其是去文化語言不同的國家，要自己規畫根本不知從何著手，更深怕萬一沒抓好預算，半路經費不夠時會求助無門，所以不敢輕易嘗試。

　　其實，這些都可以透過事前準備來克服，只要運用邏輯圖表排出景點路線、預估交通和用餐花費，即可清清楚楚掌握整體概況，甚至在規畫的過程中，行進路線的畫面都會不知不覺在心中浮現，讓自己與同行的家人、朋友，都能享有安心、愉快又有成就感的旅程。

抓好交通、預算，麻煩少一半

在確定出遊成員、預算範圍、天數等基本條件以及期待景點後，接下來就可以進行細部行程的安排。這裡可以延續第 24 章的以「ABC 分類法」（參見 230 頁）製成的景點分級表，將其中依偏好程度分級出的地點，排進下列「路線與費用規畫表」，以便把行程攤開來檢視與調整，同時可以一併預估所需花費。

「路線與費用規畫表」是一張包括旅遊地點名稱、搭乘的交通工具（包含轉換地點），以及其他費用項目（如早中晚餐、購買紀念品）在內的現金支出管理表單，能把旅程中最重要的幾個重點做好整體掌握。

在填表單時，可以將重點行程（A 級景點）先排進去，並將同一區域的旅遊地點安排在同一天，以便盡量在預定的旅遊天數中，可以玩到全部想要去的景點。有些區域的面積較大或該區景點較多，則可規畫 1 ～ 2 天較長的時間來遊玩。

在安排景點先後順序的同時，可以透過旅遊書籍或上網蒐集交通方式、時間、費用等資訊，並考量若兩地距離較遠時，是否要安排中間地點作為休憩點。此時就可以將準備好的次要景點（B 級景點）、次次要景點（C 級景點）清單拿出來檢視。

此外，「路線與費用規畫表」中可以填入的支出項目包括：
- 特定地點的固定花費，如：門票。
- 交通工具搭乘費用，如：公車、地鐵、計程車等。
- 其他，如：餐費、伴手禮等。

在「其他」支出方面，三餐費用可能無法抓得很精準，但可以先將早中晚餐抓個概略數字，以及依自己在特定景點，是否預計購買特定物品，按個人需

求、習慣與能力進行估算。

　　將每天花費的金額相加，就是整趟行程的現金總花費預估（機票與住宿另計）。填寫金額時，建議以當地通行的貨幣為準，如果要預估需準備的新台幣預算，可以最後再換算即可。

　　此外，一般機票與住宿都是在出發前就先訂好（也可以請旅行社代訂）並支付，因此這筆費用不記在表單上。

　　在出發前將這張表單認真寫好，旅途中隨身攜帶，將成為強大的定心丸。

動手畫「路線與費用規畫表」
填寫說明：
步驟 1

　　可接續第 24 章以 ABC 分類法（參見 230 頁）整理出來的景點分級表的結果，將最想去的地點填入右表中的❶「地點名稱」（參見 238 頁）。

步驟 2

　　將不同支出項目填入所屬的欄位，包括：❷在特定景點的花費（如門票）、❸搭乘交通工具的費用（如公車）、❹其他花費（如三餐或額外項目）。

步驟 3

　　將當天花費金額相加，填入該天的❺合計中。

路線與費用規畫表

貨幣單位，例如：日幣、歐元　（單位：　　　）

◎轉換地點（→）的交通工具選項： 1（巴士）、2（地鐵）、3（船）、4（計程車）、5（步行）										
第一天	❶ 地點名稱		→		→		→		→		→
	❷ 金額										❸
	地點名稱		→		→		→		→		→
	金額										
	其他花費	早餐		午餐		點心		晚餐			
	金額										
	合計	第一天花費　　　　元									
第二天	地點名稱		→		→		→		→		→
	金額										
	地點名稱		→		→		→		→		→
	金額										
	其他花費	❹ 早餐		午餐		點心		晚餐			
	金額										
	合計	第二天花費　　　　元									
第三天	地點名稱		→		→		→		→		→
	金額										
	地點名稱		→		→		→		→		→
	金額										
	其他花費	早餐		午餐		點心		晚餐			
	金額										
	合計	❺ 第三天花費　　　　元									

填寫該地點的花費金額

在 → 下方填寫交通工具代號 1～5，下方填上金額

填寫其他的花費項目

相加就是當天的合計金額

※「路線與費用規畫表」可至271頁查詢網址及掃描QRcode下載，以便自行複印、重複使用。

來一趟七天的日本東京自助旅行（之二）

接續第 24 章（參見 234 頁）應用範例，想跟女友一起去日本東京自助旅行的謝先生的例子。

謝先生在運用「ABC 分類法」，找出兩人偏好的景點後，接著便開始討論行程安排，他們拿出已規畫好欄位的「路線與費用規畫表」（參見 240 頁），將鄰近的地點逐一填入。

第一天早上，從住宿地的上野站出發，先步行到上野公園看櫻花，前進第二站淺草寺是選擇搭乘地鐵的交通方式，花費是 170 元；抵達淺草寺後在周邊逛逛商店街及小店，接續沿著吾妻橋散步到東京晴空塔，預計在此處吃午餐及購買伴手禮，預算抓在 10,000 元，飯後再買票上到頂樓看東京城市風景，當日票券 3,100 元；當日最後行程停留在銀座，吃完晚餐再順便逛逛周邊的百貨公司，晚上如果還有空檔，可以再到附近的有樂町感受日式居酒屋的活力氛圍。

其他花費部分，包括三餐或點心的預估金額與計畫購買伴手禮的日幣費用，最後計算第一天預估花費的總金額。

路線與費用規畫表

		◎轉換地點（➜）的交通工具選項： 1（巴士）、2（地鐵）、3（船）、4（計程車）、5（步行）										
第一天	地點名稱	飯店	➜ 5	上野公園	➜ 2	淺草寺	➜ 5	東京晴空塔	➜ 2	銀座	➜ 5	
	金額	0	0	0	170	0	0	3,100	220	0	0	
	地點名稱	有樂町	➜ 5	飯店	➜		➜		➜		➜	
	金額	0	160									
	其他花費	早餐		午餐		點心		晚餐		伴手禮		
	金額	0		3,000		0		5,000		7,000		
	合計	第一天花費 18,650 元										
第二天	地點名稱	飯店	➜ 2	新宿車站	➜ 1	河口湖車站	➜ 1	天上山公園	➜ 1	美術館	➜ 1	
	金額	0	280	0	2,200	0	160	900	270	1,300	390	
	地點名稱	河口湖車站	➜ 1	溫泉旅館	➜		➜		➜		➜	
	金額	0	0	0								
	其他花費	早餐		午餐		點心		晚餐				
	金額	0		2,500		1,500		0				
	合計	第二天花費 9,500 元										
第三天	地點名稱		➜		➜		➜		➜ 1		➜	
	金額											
	地點名稱		➜		➜		➜		➜		➜	
	金額											
	其他花費	早餐		午餐		點心		晚餐				
	金額											
	合計	第三天花費　　　元										

預留額外支出

　　為了應付非預期性的額外支出，有一種做法是將原計畫的支出金額，乘上 1.1 或 1.15 倍，作為攜帶到當地國家的現金總額。這些換好的外幣現金都是計畫中的預期花費，如果在當地遇到非預期性的花費、需要大筆支出，可刷信用卡來付帳，再將信用卡金額另外加總，以統計整個行程的實際支出。

旅遊物品檢核表

　　旅遊除了行程規畫，為了避免一些可預先排除的失誤，製作一張簡單好用的「旅遊物品檢核表」，更是行前必做事項。

　　運用第 23 章「檢核表」（參見 218 頁）的功能，將整個過程中從頭到腳、食衣住行都考量一遍，透過一張旅遊物品檢核表即可大幅化繁為簡，也可在蒐集旅遊資訊的過程中即同步整理。只要事先準備齊全，就能幫助旅途留下更多精采回憶。

動手畫「旅遊物品檢核表」
填寫說明：
步驟 1

　　先蒐集資訊，並依行程、個人需求，將需要攜帶的東西集中列出（參見 242 頁），反覆檢查物品的項目與數量有無缺漏。

步驟 2

　　將所要準備的物品進行「分類」，由於出國須攜帶的物品較為繁雜，

將物品分類排列（如：衣物、文具、藥品等）並記錄序號（如：1-1、1-2）與數量（如：6 罐、8 包）會比較清楚。記得遵循 MECE「彼此獨立，互無遺漏」的分類原則，不要讓同一項目有所重複，或同一類別有應納入而未納入的項目。

步驟 3

最後，可用「檢核符號」來清點物品，通常以〇或 v 表示該物品已準備妥當，✕ 表示還沒準備好或數量不符。如此，就會形成下列這張具有❶類別、❷序號、❸物品名稱、❹數量與❺檢核等五個欄位的檢核表。

旅遊物品檢核表

❶ 類別	❷ 序號	❸ 物品名稱	❹ 數量	❺ 檢核
1 衣物	1-1	毛背心	1件	
	1-2	襪子	6雙	
	1-3	手套	1雙	
2 隨身物品	2-1	面紙	5包	
	2-2	酒精	1小罐	
	2-3	口罩	10個	

※「旅遊物品檢核表」可至271頁查詢網址及掃描QRcode下載，以便自行複印、重複使用。

六

綜合運用篇

活用多樣圖表
實現你的人生

四則案例，將空想化為可行計畫！

- 年後轉職，換一份理想的工作：興趣／專長發掘評估圖╳KSAs需求分析表
- 一圓開店老闆夢：九宮格╳流程圖╳甘特圖
- 一年聽懂**70%**的英語新聞和節目：MIS自我評量分析圖╳解決問題計畫表╳一週時數管理表
- 立志兩個月減重三公斤：魚骨圖╳CAF思考表╳好用APP

年後轉職，
換一份理想的工作

興趣／專長發掘評估圖╳KSAs需求分析表

歸納經歷與特質，畫出職涯藍圖

　　每逢新春開年之際，往往是上班族動念轉職的時間點，有人希望藉由換公司升職加薪，有人希望找到更能發揮的工作環境，有人希望跳進更有潛力的產業。不管基於什麼樣的理由，希望工作越換越好，是一致追求的目標。

　　如果希望工作越換越好，那麼每次要做工作抉擇時，就應該要想清楚自己的目標。以下使用兩張圖表，分別是：「興趣／專長發掘評估圖」（參閱第1章，26頁）、「知識、技術與能力（KSAs）需求分析表」（參閱第2章，36頁），代表「目標設定」、「評估需求」兩大功能。目的是開啟自我對話，傾聽自己內在的聲音，進而以邏輯組合的步驟，找出自己有興趣、能發揮專長的工作。

找出適合自己的志向與職位

　　原來在報關行擔任報關人員的李小姐，由於志趣不合，想在年底領完年終後換一份工作，但她對自己不太有信心，不確定自己還可以做什麼，或是做什麼才對職涯發展較有益，因此決定用「興趣／專長發掘評估圖」（參見 246～247 頁）幫自己找方向。

　　她的填寫順序如下：

- 先填好日期與❶個人基本資料。
- 逐步填寫其他區塊，包括❷三圓的說明、❸學歷、❹工作經歷與❺生活形態等。
- 推演出右下方的❻「有興趣、很想做的工作內容」後，再推演出❼最符合的產業與部門。

　　結果→李小姐發現，她對觀察、研究人的行為很感興趣，而基於自己的學歷與專業能力，而得出兩個選項：

（1）到廣告公司從事消費者行為研究

（2）到製造商或代理商的企劃部門

李小姐的興趣／專長發掘評估圖

評估日期：2023 年 1 月 15 日（第 1 次）

❶ 姓名	李小姐
年齡	28歲
優點	喜愛思考
缺點	口語表達不夠流利

三圓為核心內容

❷

人格特質

喜歡分析事物、做研究

興趣／嗜好

買書、閱讀、看電影、蒐集綠色植栽

專長／技術

資料分析、圖解能力

第二專長或專業證照名稱
英文檢定合格

❸ 最高學歷	
╳╳大學國際貿易系	
感興趣的學科	
・企業管理	・微積分
・統計學	・消費者行為
・行銷學	・策略管理

最感興趣的學科	
・企業管理	・行銷學
・消費者行為	・策略管理

接右頁

接上頁

❹ 最值得說明的工作經歷	很感興趣的工作內容
工作1	**項目1**
在紡織工廠實習三個月,以觀察力提出生產流程改善報告書	從一堆雜亂資料中整合出重點與素材,繪製企劃書、報告書
工作2	**項目2**
在報關行協助客戶解決問題	觀察人與工作流程,從中發現、解決問題

❺ 生活形態分析

◎喜歡與家人/朋友聊天的話題

政治/社會新聞的分析、看過的書的內容

◎令我感動的人事物

電影的對話、巴洛克時期的藝術

◎生活中最有成就感的事

能照自己的計畫完成某件事

◎生活中最快樂的事

閱讀、整理與收納好物品的感覺

❻ 有興趣、很想做的工作內容描述	❼ 想進入的產業與部門具體描述	
	選項1	
想進廣告公司消費者研究部門,從調查資料分析出消費者特定消費模式,向客戶簡報	廣告公司	行銷企劃人員
	選項2	
	製造或代理商	企劃部門

李小姐在找出自己想進入廣告公司的行銷企劃部門後，接下來要分析自己還需補足哪些技能，才能勝任該工作職務。她的填寫順序如下：

- 在最上方欄位❶填入「職務名稱」：行銷企劃人員。
- 接著，先蒐集資訊，再到❷「需求的項目」將行銷企劃人員在❸「知識」、❹「技術」、❺「能力」三方面的必備條件都寫下來。
- 針對 KSAs 三層面，思考並填入❻「待努力的項目」，如知識方面他要強化「消費者行為學」的知識。
- 接著針對❼「改進的方法」及❽「完成目標與進度」填入實踐方法與進度。如對於強化「消費者行為學」，他打算到 T 大學進修推廣部上課，即需配合考試時間做準備。

結果→李小姐找出自己該努力的項目、方法，並規畫好進度後，接下來，就等著她按部就班實踐了！

李小姐的知識、技術與能力（KSAs）需求分析表

❶ 職務名稱：行銷企劃人員				
KSAs項目	❷ 需求的項目	❻ 待努力的項目	❼ 改進的方法	❽ 完成目標與進度
❸ 知識(Knowledge)——特定的學科名稱	消費者行為學	消費者行為學	上Ｔ大進修推廣部課程	2023年6月，考試通過
	行銷學			
❹ 技術(Skills)——具體的、可透過學習擁有的專業	Google analytics	Google analytics	網路找影片或文章教學	2023年3月考取個人認證資格
	Excel統計應用			
	PPT簡報製作軟體			
❺ 能力(Abilities)——抽象的、整合與分析的高密度運用	溝通技巧	溝通技巧	・網路影片或Podcast相關的分享 ・買相關書籍學習說話技巧及肢體表達 ・每天檢討溝通技巧，對著鏡子練習	2023年4月看完相關書籍
	分析思考			

一圓開店老闆夢

九宮格✕流程圖✕甘特圖

描述細節，勾勒商店樣貌

在日新月異的時代下，想開任何類型的店家都有成功的機會，而開店創業的環節繁多，其實可以透過一套清楚有效的表單，理清思緒、整理脈絡，讓動念開店創業的人，一個實現夢想的指引。

首先要先設定：想賣什麼東西？想開在哪個地方？想開實體店或網路店？規模打算多大？希望什麼時候開業？

以下這套簡單實用的分析方法，結合三種圖表「九宮格」（參閱第 15 章，140 頁）、「流程圖」（參閱第 16 章，148 頁）、「甘特圖」（參閱第 17 章，156 頁），讓你理解開店之前有哪些需要注意的事項，以循序漸進的方式完成開店的前置作業，再依店面屬性進行細節微調。

從零著手開一間自己的咖啡店

　　柯先生在職場工作一段時間後，心生開店或創業的念頭，他想開一間兼賣咖啡豆的實體咖啡店，店內要有舒適的座位（約 10 人座）可以讓客人品嚐咖啡，並且預計要在半年後開幕。

　　由於開店創業牽涉的環節太多，面對這種人生大事，柯先生決定透過「九宮格」、「流程圖」，以及「甘特圖」，幫助自己理清思緒、整理脈絡，弄清楚開店前要做哪些事、有哪些細節需要注意。

　　柯先生的填寫順序如下：

- 首先，運用九宮格思考（參見 252 頁），在中央的❶主題區寫下「我想要半年後，開一間約 10 人座的咖啡店」。

- 接著，依咖啡店籌備的實際情況，將周遭❷八個方格從左上方開始，依序設為：「Why」、「Analysis」、「Where」、「Who」、「When」、「What（設備與人員）」、「How Much」與「其他」，再填入聯想的所有問題。

九宮格

Why	Analysis	Where
◎理由／動機／出發點是什麼？ ◎開店的初衷究竟是為了什麼？ **❷**	◎要做哪些事前分析？	◎店面要租在什麼地方？ ◎店面的設計與裝潢風格為何？
其他 ◎開店後（D-day），多久可以開始獲利？ ◎要注意哪些法令規章？	**❶** 我想要半年後，開一間約10人座的咖啡店	Who ◎消費者是誰？ ◎競爭者是誰？ ◎誰又是潛在的競爭對手？
How Much ◎開這樣的咖啡店需要多少經費？ ◎資金何時到位？	設備與人員 ◎開咖啡店需要哪些設備與器材？ ◎需要雇用多少員工？	When ◎店面什麼時候可以開始營運？

- 將九宮格外圍的八個方格，各自衍生出需要做的「待做事項」。例如：
  ❸ Analysis 要做事前分析，包括：SWOT 分析、咖啡豆供應鏈分析等；
  ❹ Where 則要尋找特定區域的店面、尋找室內設計公司等。

九宮格拉出前置作業時間軸

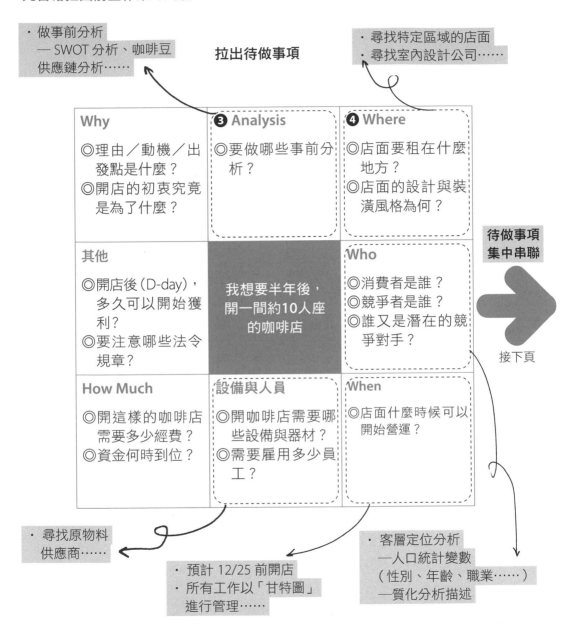

拉出待做事項

待做事項
集中串聯

接下頁

・做事前分析
— SWOT 分析、咖啡豆
供應鏈分析……

・尋找特定區域的店面
・尋找室內設計公司……

Why	❸ Analysis	❹ Where
◎理由／動機／出發點是什麼？ ◎開店的初衷究竟是為了什麼？	◎要做哪些事前分析？	◎店面要租在什麼地方？ ◎店面的設計與裝潢風格為何？
其他 ◎開店後（D-day），多久可以開始獲利？ ◎要注意哪些法令規章？	我想要半年後，開一間約10人座的咖啡店	Who ◎消費者是誰？ ◎競爭者是誰？ ◎誰又是潛在的競爭對手？
How Much ◎開這樣的咖啡店需要多少經費？ ◎資金何時到位？	設備與人員 ◎開咖啡店需要哪些設備與器材？ ◎需要雇用多少員工？	When ◎店面什麼時候可以開始營運？

・尋找原物料
供應商……

・預計 12/25 前開店
・所有工作以「甘特圖」
進行管理……

・客層定位分析
—人口統計變數
（性別、年齡、職業……）
—質化分析描述

- 將所有待做事項集中串聯，形成一張「待做事項流程表」。表格左邊為「開始時間」欄，將所有工作事項依「開始」的時間排列，比如第一件事是❺ 7/1，做創業開店的 SWOT 分析，最後形成一張從 7/1 到最後❻ 12/25 店面開幕期間，半年內所有待做事項的流程表。

待做事項流程表

開始時間	待做事項
❺ 7/1	・做事前分析（SWOT分析、咖啡豆供應鏈分析……）
8/1	・尋找特定區域的店面＋實地查價（租金）
	……
9/15	・客層定位分析
	……
10/1	・尋找室內設計公司
10/15	・尋找原物料供應商
	……
	……
❻ 12/25	・店面開幕

待做事項
集中串聯

續上頁

・最後，將所有待做事項的「預計／實際工作進度」做成「甘特圖」（參見 256 ～ 257 頁），並在最右方加上❼「費用預估」欄，將每個事項的預估經費及占比填入，以說明開店整個流程的進度與費用。

百分比的算法，是先將所有費用合計，也就是這次開店所需準備的資金，再以總金額為分母，每個事項的花費為分子，就是其費用占比。

實際執行時，每個流程的費用，也要填入此表中❽，以明瞭預算是否超支。

費用進度甘特圖

事項名稱		工作進度（起始→結束）																		
		7月						8月						9月						
		5	10	15	20	25	31	5	10	15	20	25	31	5	10	15	20	25	31	
事前分析	預計	▓	▓	▓																
	實際	▓	▓	▓	▓															
尋找店面＋簽約	預計							▓	▓	▓	▓	▓	▓							
	實際																			
客層定位分析	預計														▓	▓	▓	▓		
	實際																			
……	預計																			
	實際																			
尋找室內設計公司＋裝潢施工	預計																			
	實際																			
尋找原物料供應商＋進貨	預計																			
	實際																			
店面開幕	預計																			
	實際																			

工作進度（起始→結束）																		❼ 費用預估	
10月						11月						12月						金額（萬元）	%
5	10	15	20	25	31	5	10	15	20	25	31	5	10	15	20	25	31		
																		5	1.3
																		❽ 4	1
																		30	7.5
																		0	0
																		200	50
																		100	25
																		10	2.5

（註：假設開店所需資金為400萬元）

一年後能聽懂70％的英語新聞和節目

MIS自我評量分析圖✕解決問題計畫表✕一週時數管理表

鎖定能力，運用圖表安排學習計畫

　　學好語言是瞭解各國文化和風俗民情最直接的方法，更進階的是可以掌握國際當下的發展情勢。現今坊間有許多語言補習班設計許多相關課程，如果不想被上課時段綁住的話，該怎麼自己安排好一套管理表單呢？

　　就以「學好英語」為例，當具體目標設定好後，就利用本書講到的三個章節，「MIS自我評量分析圖」（參閱第3章，42頁）、「解決問題計畫表」（參閱第4章，49頁）與「一週時數管理表」（參閱第5章，55頁），訂定適合自己的好用學習計畫。

簡單的圖表實現你的人生夢想

羅莎是一名小資上班族，因為手上能安排的金錢額度有限，但又希望自己一年後能聽懂 70% 的英語新聞和節目。因此，她開始著手填寫這張 MIS 自我評量分析圖（參見 260 頁）。

以下是她的填寫順序：

- 先在右上角的❶「戰略目標」填入「一年後能聽懂 70% 的英語新聞和節目」。
- 在左上角的❷「我的能力與特質」，將英語能力相關的優缺點寫進去。羅莎英文程度中等，但聽力較不好，所以想加強其能力。
- 右邊的❸「我可運用的資源」，她列出一些英語教材、雜誌，還有一位最近語言交換認識的外國朋友。
- ❹「市場分析」的部分，她從英文程度好的人不多（具稀有性），與擁有英文能力的優勢兩種角度來寫。
- 接下來，填寫❺「現在的我」與❻「未來的我」，她用圖像式想像法描繪未來遠景，鞭策自己盡早學好英文。
- 最後在❼「策略與做法」提出提升英文聽力的做法。

C

❷ 我的能力與特質
· 有基本的英文程度，讀寫尚可，但聽力弱，也較少開口說英文。
· 樂意透過媒體、網路學習國外新知，但受限英語聽力，吸收有限。

M

❹ 市場分析
· 台灣由於考試取向的學校教育，導致國人的英文水平不佳，讓英文程度好的人占有較多優勢。
· 學好英文的優勢在於可從台灣往外擴展：
1. 未來有機會到新加坡或歐美國家工作。
2. 透過共通的英語語言，可看懂豐富的國外資訊，並結交外國專業人士。

❶ 戰略目標
· 一年後能聽懂70％的英語新聞和節目

R

❸ 我可運用的資源
· 線上英文教學資源
· 英語教材與英文雜誌
· YouTube、Podcast、線上影音串流平台
· 外國友人

I0

❺ 現在的我
· 聽國外的英語新聞報導或節目，幾乎都聽不懂，如鴨子聽雷。
· 工作上不敢與外籍專業人士接觸。

I+

❻ 未來的我
· 能自在的欣賞英語節目或網路上英語影片。
· 在工作領域，能用英文與外國人溝通對話、學習交流。

S

❼ 策略與做法
· 在生活中自己創造英語環境，讓耳朵習慣英文語感。
· 運用「解決問題計畫表（參見右圖）」，擬訂訓練英文聽力的必勝戰法。

羅莎利用表格分析後，想進一步運用以下這張「解決問題計畫表」，找出適合自己提升英語聽力的方法。填寫順序如下：

- 在❶「分析問題」先填入上一張「MIS 自我評量分析圖」的戰略目標：「一年後能聽懂 70% 的英語新聞和節目」。
- 在❷「找出關鍵成功因素」方面，她認為有兩個，一是要習慣英語的句型架構、語感；二是增加字彙量。針對第一個成功因素延伸出❸「發展前提假設」，是增加聽英語的環境與機會。
- 為達成增加聽英語的環境與機會，她❹「擬定解決方案」及❺「規畫執行要點」寫下實踐方法。
- 針對這些執行要點填寫❻「預期成果」。

羅莎的解決問題計畫表

❶ 分析問題	❷ 找出關鍵成功因素	❸ 發展前提假設	❹ 擬定解決方案	❺ 規畫執行要點	❻ 預期成果
一年後能聽懂７０％的英語新聞和節目	習慣英語的句型架構、語感	增加聽英語的環境與機會	多接觸英語環境	每週約外國朋友交談1.5小時	一年後可用英語交談時事無大礙
			每週英文聽力訓練１２小時以上	每天聽線上空中英語教室0.5小時	一年後程度轉聽進階版空英
				每天聽英語Podcast，或看CNN新聞一小時	半年後聽懂50％新聞內容，一年後聽懂70%

在運用「解決問題計畫表」，羅莎找出適合的提升英語聽力方法後，決定要用更具體可視化的「一週時數管理表」，來督促自己檢視學習情況，是否有達成學習計畫上的執行要點。

她的填寫順序如下：

- 將前一張表「規畫執行要點」中的訓練項目，填入「一週時數管理表」的❶欄位中。

- 逐日記錄各項聽力訓練的時數。例如：在 5/21（一）上午 06:30 ～ 07:00，利用通勤時間聽了英語 Podcast，共計 0.5 小時；晚上 08:30 ～ 09:00 聽英語教材 0.5 小時，本日加總 1 小時，與前一張「解決問題計畫表」中設定的❷一週預定聽力訓練基本時數 12 小時，❸差距 11 小時，代表往後 6 天還要完成 11 小時的聽力訓練。

- 在每週結束時，將各項訓練的總時數各自填入，再合計為❹本週訓練的總時數。

這張管理表除了可記錄學習過程，也具有情境回顧與學習上的正增強效果。讀者可以參考本表的精神，自行調整為適合自己的表單，重點是一定要有過程紀錄，才能讓學習持久。

羅莎的英聽訓練一週時數管理表

時段＼星期	一（5/21）❶英語Podcast	一（5/21）英語教材	二（5/22）英語Podcast	二（5/22）英語教材	六（5/26）英語Podcast英語教材	六（5/26）與外國朋友交談	日（5/27）英語Podcast英語教材	日（5/27）與外國朋友交談
上午 6–12	●				●			
下午 1–6							●	
晚上 7–12		●				●		
時數紀錄	0.5	0.5			2	1.5	2	0
與目標差距	❸ 11				-2		0	
Total	本週聽力訓練總時數＝(❹12)小時，A訓練＝(10.5)小時；B訓練＝(1.5)小時。 （註：一週的聽力訓練總時數不得少於基本時數(❷12)小時）							

立志兩個月減重三公斤

魚骨圖✕CAF思考表✕好用APP

觀念說明

兩張圖表洞察身體狀況，提供成功鏟肉解方

對一部分的人而言，減重是一輩子的課題。有許多人歷經多次失敗後，乾脆放棄減肥的計畫，其實我們可運用圖表的理解與記錄，來進行管理，讓「減重」成為自己可掌握的事情。

這次運用兩張表單「魚骨圖」（參閱第 14 章，128 頁）、「CAF 思考表」（參閱第 8 章，75 頁）再搭配體重紀錄 APP，檢視是否達成目標。除了找出體重過重的原因，也必須瞭解持之以恆才是最佳解方。

記錄日常生活，從中挖掘對策

即將結婚的沈先生想要藉著拍婚紗的理由，改善自己長期擔憂的健康狀態。首先，他計畫在兩個月內減重三公斤，以下是朋友建議他可以使用「魚骨圖」及「CAF 思考表」來實施減重計畫。

以下是他魚骨圖（參見 266 頁）的填寫順序：

- 先將造成體重過重的原因當成❶魚頭（主題），再分類為❷魚大骨（主要原因）依照「A 飲食」、「B 運動」與「C 生活習慣」三大方向進行思考。

- 三大方向再使用 MECE 技巧加以分類，各自拆解出❸魚中骨（次要原因）。例如從「飲食」分析，偏重在容易造成高油的飲食形態。「運動」方面，缺乏足夠的運動，而且又有抽菸、喝酒、長時間坐著不動看電視的生活習慣。

- 左下方的❹「健康管理數據表」的六個項目可參照健檢報告，此表的主要功能是提醒自己：「飲食」、「運動」與「生活習慣」等生活形態的不正常，會反映在自己的健康狀況上，注意這些關鍵數值的變化。

魚骨圖

C 生活習慣

時常熬夜
- 睡前會玩手機導致晚睡
- 晚上會吃零食解饞

常常抽菸、喝酒
- 和同事聊天時會抽交際菸
- 工作壓力大時會抽菸
- 朋友聚會時會喝點小酒

❷ A 飲食

❸ 經常外食
- 假日喜歡跟朋友吃麻辣鍋
- 愛吃油炸食物

每天一杯含糖飲料
- 工作累想犒賞自己飲料
- 下午茶時間嘴饞

❶
為什麼
體重
會過重

(體重=75)
(BMI=26)

懶得走路
- 節省時間大多坐計程車
- 上下班步行外，就沒運動

❹ 健康管理數據表	
○BMI(正常≦24)	26
○腰圍(正常男性<90 公分)	92
○總膽固醇(正常<200)	205
○三酸甘油酯(正常<150)	160
○血壓-收縮壓(正常<120)	120
○空腹血糖(正常<100)	98

B 運動

- 在利用魚骨圖分析完❶體重過重的原因，接著利用 CAF 思考表分為 A、B、C 三組，填寫在❷「優先順序（ABC）」一欄中。
- 在右邊的欄位❸「A 類原因解決對策」，提出最優先的改善建議：每週開伙三次，減少吃高溫油炸的食物、修正自己的生活習慣，及飲食控制。
- 等體重開始減少後，再考慮對 B、C 組原因進行改善。

CAF 思考表

體重超重原因／理由	優先順序（ABC）	A類原因解決對策
假日喜歡跟朋友吃麻辣鍋	愛吃油炸食物（A）	每週開伙三次，減少吃高溫油炸的食物
愛吃油炸食物	睡前會玩手機導致晚睡（A）	規定自己在睡前30分鐘不要碰手機
工作累想犒賞自己飲料	上下班步行外，就沒運動（A）	在家看電視時可採站立或做拉伸運動
睡前會玩手機導致晚睡	晚上會吃零食解饞（A）	補充蛋白質，或吃少許堅果
上下班步行外，就沒運動	工作累想犒賞自己飲料（B）	
晚上會吃零食解饞	常常抽菸、喝酒（B）	
常常抽菸、喝酒	假日喜歡跟朋友吃麻辣鍋（C）	

最後的記錄體重環節，可以先到運動中心或健身房花錢量一次 INBODY 綜合評估身體的肌肉量、脂肪量、骨重量及水分含量，再規畫體重管理行程（可以諮詢營養師或相關專業人士）。

因為外在及生理因素影響，體重紀錄也不一定要實施每日測量，三至四天或到拉長到一週的觀察體重變化也可以，如此也不會讓身體感到過大的壓力，更能持之以恆往目標前進。

以下建議幾款 APP，可以選擇搭配使用：

體重紀錄 APP

FatSecret 卡路里計算器		Pacer一運動計步器和 跑步健身減肥教練		SmartDiet— 體重管理和減肥日記	
Android	iOS	Android	iOS	Android	iOS

資料來源

chapter 1	興趣／專長發掘評估圖：文章節錄自《商業周刊特刊》第 72 期
chapter 2	KSAs 需求分析表：本篇文章節錄自《商業周刊特刊》第 72 期
chapter 3	MIS 自我評量分析圖：本篇文章節錄自《商業周刊》第 1556 期、《商業周刊特刊》第 72 期
chapter 4	解決問題計畫表：本篇文章節錄自《商業周刊特刊》第 72 期
chapter 5	一週時數管理：本篇文章節錄自《商業周刊特刊》第 72 期
chapter 6	艾森豪矩陣：本篇文章節錄自《商業周刊特刊》第 58 期
chapter 7	PMI 列舉表：本篇文章節錄自《商業周刊特刊》第 58 期
chapter 8	CAF 思考表：本篇文章節錄自《商業周刊特刊》第 58 期
chapter 9	決策矩陣：本篇文章節錄自《商業周刊特刊》第 58 期
chapter 10	SWOT 分析表：本篇文章節錄自《商業周刊特刊》第 58 期
chapter 11	樹狀圖：本篇文章節錄自《商業周刊特刊》第 58 期
chapter 13	心智圖：本篇文章節錄自《商業周刊特刊》第 58、84 期
chapter 14	魚骨圖：本篇文章節錄自《商業周刊特刊》第 58 期
chapter 15	九宮格：本篇文章節錄自《商業周刊特刊》第 58 期
chapter 16	流程圖：本篇文章節錄自《商業周刊特刊》第 58 期
chapter 17	甘特圖：本篇文章節錄自《商業周刊特刊》第 58 期
chapter 20	現金流量表：本篇文章節錄自《商業周刊特刊》第 72 期
chapter 21	資產負債表：本篇文章節錄自《商業周刊特刊》第 58 期
chapter 22	理財明細表：本篇文章節錄自《商業周刊特刊》第 72 期
chapter 23	檢核表：本篇文章節錄自《商業周刊特刊》第 58 期
	不要做清單：本篇文章節錄自商業周刊《世界冠軍教我的 8 堂高效能課》（*High Performance: Lessons from the Best on Becoming Your Best*）P.224~229
chapter 24	ABC 分類法：本篇文章節錄自《商業周刊特刊》第 72 期
chapter 25	路線與費用規畫表：本篇文章節錄自《商業周刊特刊》第 72 期
延伸應用 1	年後轉職，換一份理想的工作：文章節錄自《商業周刊特刊》第 72、84 期
延伸應用 2	一圓開店老闆夢：文章節錄自《商業周刊特刊》第 84 期
延伸應用 3	一年聽懂 70% 的英語新聞和節目：文章節錄自《商業周刊特刊》第 72、84 期
延伸應用 4	立志兩個月減重三公斤：文章節錄自《商業周刊特刊》第 72、84 期

圖表網址及 QRcode

查詢以下網址或掃描 QRcode 下載圖表，以便自行複印、重複使用。

1. 興趣／專長發掘評估圖
https://sl.businessweekly.com.
tw/U.Qbeljab

2. KSAs需求分析表
https://sl.businessweekly.com.
tw/U.rmMbye

3. MIS自我評量分析圖
https://sl.businessweekly.com.
tw/U.AZZB7j

4. 解決問題計畫表
https://sl.businessweekly.com.
tw/U.VFNfmy

5. 一週時數管理表
https://sl.businessweekly.com.
tw/U.AnERfe

6. 艾森豪矩陣
https://sl.businessweekly.com.
tw/U.FZRj2y

7. PMI列舉表
https://sl.businessweekly.com.
tw/U.MRZ3uu

8. CAF思考表
https://sl.businessweekly.com.
tw/U.lvuE3m

9. 決策矩陣
https://sl.businessweekly.com.
tw/U.aAnE7n

10. SWOT分析表
https://sl.businessweekly.com.
tw/U.fyyuya

11. 樹狀圖＆決策樹
https://sl.businessweekly.com.
tw/U.iaM7b2

12. 黃金圈法則
https://sl.businessweekly.com.
tw/U.AJ7jm2

13. 心智圖
https://sl.businessweekly.com.
tw/U.nQnuMf

14. 魚骨圖＆反魚骨圖
https://sl.businessweekly.com.
tw/U.u6jalb

15. 九宮格
https://sl.businessweekly.com.
tw/U.rUniMn

22. 理財明細表
https://sl.businessweekly.com.
tw/U.fuQBbi

16. 流程圖
https://sl.businessweekly.com.
tw/U.BZBJVb

23. 檢核表＆不要做清單
https://sl.businessweekly.com.
tw/U.M3EVBn

17. 甘特圖
https://sl.businessweekly.com.
tw/U.6b67Vn

24. ABC分類法
https://sl.businessweekly.com.
tw/U.eMBnyy

18. PDCA循環法則
https://sl.businessweekly.com.
tw/U.NbaENf

25. 路線與費用規畫表
https://sl.businessweekly.com.
tw/U.eEVRNb

19. 康乃爾筆記法
https://sl.businessweekly.com.
tw/U.uaENrm

25-2. 旅遊物品檢核表
https://sl.businessweekly.com.
tw/U.MfmyEr

20. 現金流量表
https://sl.businessweekly.com.
tw/U.26Rfuu

21. 資產負債表
https://sl.businessweekly.com.
tw/U.nlz6Jz

圖表思考整理魔法，把複雜的事變簡單：

25張圖表快速清理職場×人生×理財…問題，擺脫忙亂，把更多時間留給自己

作者	商業周刊
商周集團執行長	郭奕伶
商業周刊出版部	
總監	林雲
責任編輯	黃雨柔
封面設計	艾思圖設計整合行銷有限公司
內文排版	洪玉玲
出版發行	城邦文化事業股份有限公司 商業周刊
地址	104台北市中山區民生東路二段141號4樓
	電話：(02)2505-6789　傳真：(02)2503-6399
讀者服務專線	(02)2510-8888
商周集團網站服務信箱	mailbox@bwnet.com.tw
劃撥帳號	50003033
戶名	英屬蓋曼群島商家庭傳媒股份有限公司城邦分公司
網站	www.businessweekly.com.tw
香港發行所	城邦（香港）出版集團有限公司
	香港灣仔駱克道193 號東超商業中心1樓
	電話：(852) 2508-6231　傳真：(852) 2578-9337
	E-mail：hkcite@biznetvigator.com
製版印刷	中原造像股份有限公司
總經銷	聯合發行股份有限公司電話：(02) 2917-8022
初版1刷	2023年3月
初版2刷	2023年6月
定價	380元
ISBN	978-626-7252-33-8（平裝）
EISBN	978-626-7252-34-5（EPUB）／978-626-7252-42-0（PDF）

國家圖書館出版品預行編目 (CIP) 資料

圖表思考整理魔法, 把複雜的事變簡單: 25 張圖表快速清理職場 x 人生 x 理財...問題, 擺脫忙亂, 把更多時間留給自己 / 商業周刊著. -- 初版. -- 臺北市: 城邦文化事業股份有限公司商業周刊, 2023.03
　面；　公分

ISBN 978-626-7252-33-8(平裝)

1.CST: 職場成功法 2.CST: 圖表 3.CST: 時間管理

494.35 112001893

藍學堂

學習・奇趣・輕鬆讀